高职高专国家示范性院校"十三五"课改规划教材

# 可编程控制器项目化教程

主　编　　段　莉

副主编　　韩亚军　周福斌

参　编　　邓文亮　钱　游

西安电子科技大学出版社

## 内 容 简 介

本书从工程应用角度出发，以国内广泛使用的三菱电机 FX 系列 PLC 为例介绍了 PLC 的结构与工作原理、指令系统和工程应用项目。通过本书的学习，读者能够掌握 PLC 控制系统安装、运行和调试等方面的相关知识与技能。

本书可作为高职高专院校机电一体化、电气自动化、机械制造及自动化等相关专业的教学用书，也可作为工程技术人员的参考用书和培训教材。

**图书在版编目(CIP)数据**

可编程控制器项目化教程/段莉主编. 一西安：西安电子科技大学出版社，2016.3

高职高专国家示范性院校"十三五"课改规划教材

ISBN 978 - 7 - 5606 - 4009 - 9

Ⅰ. ① 可… Ⅱ. ① 段… Ⅲ. ① 可编程序控制器—高等职业教育—教材 Ⅳ. ①TM571.6

中国版本图书馆 CIP 数据核字 (2016) 第 021589 号

策划编辑 李惠萍

责任编辑 许青青 闫柏睿

出版发行 西安电子科技大学出版社(西安市太白南路 2 号)

电 话 (029)88242885 88201467 邮 编 710071

网 址 www.xduph.com 电子邮箱 xdupfxb001@163.com

经 销 新华书店

印刷单位 陕西天意印务有限责任公司

版 次 2016 年 3 月第 1 版 2016 年 3 月第 1 次印刷

开 本 787 毫米×1092 毫米 1/16 印张 13.375

字 数 316 千字

印 数 1~3000 册

定 价 27.00 元

ISBN 978 - 7 - 5606 - 4009 - 9/TM

XDUP 4301001 - 1

# 前　言

可编程控制器是目前应用十分广泛的控制器，是智能机电产品中的关键设备，其相关技术也是机电类、自动化类、机械制造类等专业学生应该掌握的机电工程应用技术。本书根据高职教育发展的特点，以学生为主体，以职业能力培养为核心，根据职业岗位技能需求，采用普遍和典型的企业应用案例，以三菱 FX 系列 PLC 为载体，以 PLC 基本知识点为基础，培养和训练学生解决 PLC 应用和控制工程中实际问题的应用技能。

本书在编写过程中注意以培养学生工程应用能力为核心，强化学生工程意识，同时注意培养学生创新精神和实践能力；以基本能力培养为基础，使学生明确哪些是必须掌握的基本理论知识、基本实验方法和实践技能。在设计上既要使理论结合实践教学，把实例仿真与工程应用有机结合，又要倡导学生的创新精神，将创新思想和创新教学贯穿于整个教学过程的各个层次，渗透到教学的各个方面。本书共分为六个模块。其中，模块一介绍了 PLC 的发展概况。模块二介绍了 PLC 的结构与工作原理。模块三介绍了 PLC 基本指令。模块四介绍了步进指令及顺序控制程序设计。模块五介绍了功能指令及程序设计。模块六选取了 PLC 控制通风机监控系统、自动售货机系统、按钮式人行道交通灯控制系统设计、PLC 控制停车场停车位和变频器控制的恒压供水系统等 5 个工程实例，通过项目训练加强学生的职业技能，培养学生的良好职业习惯。

段莉担任本书主编，韩亚军、周福斌担任副主编，邓文亮、钱游也参与了编写。其中，钱游编写模块一，段莉编写模块二、模块三和模块四，周福斌编写模块五，韩亚军、段莉、邓文亮编写模块六和附录部分，全书由段莉统稿。

由于编者水平有限，书中难免有不妥之处，恳请广大读者批评指正。

编　者

2015 年 12 月

# 目　　录

# 模块一　PLC 的发展概况

## 一、学习目标

(1) 了解 PLC 的功能。

(2) 了解 PLC 的发展状况。

(3) 了解 PLC 的特点及应用领域。

## 二、学习任务

### 1. 本模块的基本任务

(1) 了解 PLC 的功能。

(2) 了解 PLC 的发展状况。

(3) 了解 PLC 的特点及应用领域。

### 2. 任务流程图

本模块的任务流程图见图 1-1。

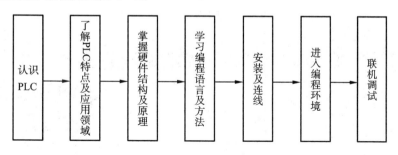

图 1-1　任务流程图

## 三、环境设备

学习本模块所需工具、设备见表 1-1。

表 1-1　工具、设备清单

| 序号 | 分类 | 名称 | 型号规格 | 数量 | 单位 | 备注 |
|------|------|------|----------|------|------|------|
| 1 | 工具 | 常用电工工具 | | 1 | 套 | |
| 2 | | 万用表 | MF47 | 1 | 只 | |
| 3 | 设备 | PLC | FX$_{2N}$-48MR | 1 | 只 | |
| 4 | | LED 灯 | | 若干 | 只 | |

# 1.1　PLC 的产生及发展

　　1968 年，美国通用汽车公司(GM)为了适应汽车型号的不断翻新，提出设想：把计算机的功能完善、通用灵活等优点与继电器-接触器控制系统简单易懂、操作方便、价格便宜等优点结合起来，制成一种通用的控制装置，取代原有的继电器-接触器控制系统，并要求把计算机的编程方法和程序输入形式简化，用语言进行编程。美国数字设备公司(DEC)根据以上设想，在 1969 年研制出了世界上第一台可编程控制器，并在 GM 的汽车生产线上使用且获得了成功。当时的 PLC 仅具有执行继电器逻辑控制、计时、计数等较少的功能。这就是第一代 PLC。

　　20 世纪 70 年代中期出现了微处理器和微型计算机，人们把微机技术应用到 PLC 中，使得它兼有一些计算机的功能，不但用逻辑编程取代了硬连线，还增加了数据运算、数据传输与处理以及对模拟量进行控制等功能，使之真正成为一种电子计算机工业控制设备。PLC 现在已经发展到了第五代。

# 1.2　PLC 的定义

　　PLC 是可编程控制器(Programmable Logic Controller)的简称。由于现代 PLC 的功能已经很强大，不仅仅局限于逻辑控制，故也称其为 PC，但为了避免与个人计算机的缩写混淆，所以仍习惯称为 PLC。图 1-2 为三菱 FX$_{2N}$ 可编程控制器。

图 1-2　三菱 FX$_{2N}$ 可编程控制器

　　PLC 产生至今只有 40 多年，但发展极为迅速。国际电工委员会(International Electrical Committee, IEC)于 1987 年对 PLC 做了如下定义：PLC 是一种进行数字运算操作的电子系统，专为在工业环境下应用而设计。它采用可编程存储器，用来存储执行逻辑运算、顺序控制、定时、计数和算术运算等操作的指令，并通过数字式或模拟式的输入/输出，控制各种类型的机械或生产过程。PLC 及相关设备都应按照易于与工业控制系统形成一个整体、易于扩展其功能的原则设计。

## 1.3 PLC 控制系统与继电器控制系统的区别

**1. 组成方式不同**

传统的继电器-接触器控制系统大量采用硬件机械触点，易受外界因素影响，使系统的可靠性降低；PLC 控制系统采用无机械触点的"软继电器"，复杂的控制由内部的运算器完成，因而 PLC 的可靠性更高、寿命更长。

**2. 控制方式不同**

继电器-接触器控制系统通过硬接线完成元件之间的连接，功能固定；PLC 的控制功能是通过软件编程来实现的，程序改变，则功能发生改变。

**3. 触点数量**

继电器-接触器的触点数量少，一般只有 4～8 对，而 PLC 的"软继电器"可供编程的触点数有无穷多对。

## 1.4 可编程控制器的分类

PLC 有以下两种分类方式：

(1) 按结构分类，PLC 可分为整体式和机架模块式两种类型。

整体式：整体式 PLC 是将中央处理器、存储器、电源部件、输入和输出部件集中配置在一起，这种类型的 PLC 结构紧凑，体积小，重量轻，价格低。小型 PLC 常采用这种结构，适用于工业生产中的单机控制，如 FX2-32MR、S7-200 等。

机架模块式：机架模块式 PLC 是将各部分单独的模块分开，如 CPU 模块、电源模块、输入模块、输出模块等。使用时可将这些模块分别插入机架底板的插座上，配置灵活、方便，便于扩展。可根据生产实际的控制要求配置各种不同的模块，构成不同的控制系统。一般大、中型 PLC 采用这种结构，如西门子 S7-300、S7-400 等。

(2) 按 PLC 的 I/O 点数、存储容量和功能来划分，大体可以将 PLC 分为大、中、小三个等级。

小型 PLC 的 I/O 点数在 120 点以下，用户程序存储器容量为 2 KB(1 K＝1024，存储一个"0"或"1"的二进制码称为一"位"，一个字为 16 位)以下，具有逻辑运算、定时、计数等功能。也有些小型 PLC 增加了模拟量处理、算术运算功能，其应用面更广，主要适用于对开关量的控制，可以实现条件控制，定时、计数控制，顺序控制等。

中型 PLC 的 I/O 点数在 120～512 点之间，用户程序存储器容量达 2～8 KB，具有逻辑运算、算术运算、数据传送、数据通信、模拟量输入/输出等功能，可实现既有开关量又有模拟量的较为复杂的控制功能。

大型 PLC 的 I/O 点数在 512 点以上，用户程序存储器容量达到 8 KB 以上，具有数据运算、模拟调节、联网通信、监视、记录、打印等功能，能进行中断控制、智能控制、远程控制。大型 PLC 在用于大规模的过程控制中，可构成分布式控制系统，或整个工厂的自动化网络。

PLC 还可根据功能分为低档机、中档机和高档机。

# 1.5　PLC 产品介绍

随着 PLC 市场的不断扩大，PLC 生产已经发展成为一个庞大的产业，其主要厂家集中在欧美国家及日本。美国和欧洲一些国家的 PLC 是在相互隔离的情况下独立研究开发的，产品有较大的差异；日本的 PLC 则由美国引进，对美国的 PLC 有一定的继承性。欧美的产品主要定位在中、大型 PLC，而日本主推产品定位在小型 PLC 上。

### 1. 美国的 PLC 产品

美国有 100 多家 PLC 制造商，主要有 AB 公司、通用电气公司（GE）、莫迪康公司（Modicon）、德州仪器公司（TI）、西屋公司。AB 公司的产品规格齐全，其主推的产品为中、大型 PLC 的 PLC - 5 系列。中型的 PLC 有 PLC - 5/10、PLC - 5/12、PLC - 5/14、PLC - 5/25；大型的 PLC 有 PLC - 5/11、PLC - 5/20、PLC - 5/30、PLC - 5/40、PLC - 5/60。AB 公司的小型产品有 SLC - 500 系列等。

### 2. 欧洲的 PLC 产品

德国的西门子（SIMENS）是欧洲著名的 PLC 制造商。西门子公司的 PLC 主要产品有 S5 系列和 S7 系列，其中 S7 系列是近年来开发的产品，包括 S7 - 200、S7 - 300 和 S7 - 400 系列。其中 S7 - 200 是微型机，S7 - 300 是中、小型机，S7 - 400 是大型机。S7 系列性价比较高，近年来在我国市场的占有份额不断上升。

### 3. 日本的 PLC 产品

日本有许多 PLC 制造商，如三菱、欧姆龙、松下、富士、东芝等。在世界小型机市场上，日本的 PLC 产品占到近七成的份额。

三菱公司的 PLC 主要产品有 FX 系列，近年来三菱公司还推出了 $FX_{0S}$、$FX_{1S}$、$FX_{0N}$、$FX_{1N}$、$FX_{2N}$ 等系列的产品。本书主要以三菱 $FX_{2N}$ 系列机型介绍 PLC 的应用技术。

欧姆龙（OMRON）公司的产品有 SP 系列的微型机，P 型、H 型、CMP 系列的小型机，C200H、C200HS、C200HX、C200HG、C200HE 系列的中型机。

松下公司的 PLC 产品主要有 FP 系列。

### 4. 我国的 PLC 产品

我国研制与应用 PLC 起步较晚，1973 年开始研制，1977 年开始应用。20 世纪 80 年代初期以前发展较慢，80 年代随着成套设备或专用设备引进了不少 PLC，例如宝钢一期工程整个生产线上就使用了数百台 PLC，二期工程使用更多。近年来国外 PLC 产品大量进入我国市场。我国已有许多单位如（北京机械自动化研究所、上海起重电器厂、上海电力电子设备厂、无锡电器厂等）在消化吸收引进 PLC 技术的基础上，仿制和研制了不少 PLC 产品。

目前 PLC 主要是朝着小型化、廉价化、系列化、标准化、智能化、高速化和网络化方向发展，这将使 PLC 功能更强，可靠性更高，使用更方便，适应面更广。

# 1.6　PLC 应用领域

随着微电子技术的快速发展，PLC 的制造成本不断下降，而功能却大大增加。PLC 的应用领域已经覆盖了所有的工业企业，其应用范围大致可以归纳为以下几种：

**1. 开关量逻辑控制**

这是 PLC 最基本、最广泛的应用领域。PLC 的输入和输出信号都是通/断的开关信号，对于输入/输出的点数可以不受限制。在开关量逻辑控制中，它取代了传统的继电器-接触器控制系统，实现了逻辑控制、顺序控制。用 PLC 进行开关量控制遍及许多行业，如机床电气控制、电梯运行控制、汽车装配线、啤酒灌装生产线等。

**2. 运动控制**

PLC 可用于对直线运动或圆周运动的控制。目前，制造商已经提供了拖动步进电动机或伺服电动机的单轴或多轴位置控制模块，即把描述目标位置的数据送给模块，模块移动一轴或多轴到目标位置。当每个轴运动时，位置控制模块保持适当的速度和加速度，确保运动平衡。

**3. 闭环控制**

PLC 通过模块实现 A/D、D/A 转换，能够实现对模拟量的控制。例如，PLC 可以实现对温度、压力、流量、液位高度等连续变化的模拟量 PID 控制，如在锅炉、冷冻、反应堆、水处理、酿酒等过程中进行有效控制。

**4. 数据处理**

现代的 PLC 具有数学运算（包括函数运算、逻辑运算、矩阵运算）、数据处理、排序和查表、位操作等功能，可以完成数据的采集、分析和处理，可以和存储器中的参考数据相比较，也可以传送给其他职能装置或传送给打印机打印制表。利用现代数据处理技术可以把支持顺序控制的 PLC 与数字控制设备紧密结合起来，即实现 CNC 功能。数据处理一般用在大中型控制系统中。

**5. 联网通信**

PLC 的通信包括 PLC 和 PLC 之间、PLC 与上位机之间和 PLC 与其他智能设备之间的通信。PLC 与计算机之间具有串行通信接口，利用双绞线、同轴电缆将它们连成网络，实现信息交换。使用 PLC 还可以构成"集中管理、分散控制"的分布控制系统，联网增加系统的控制规模，甚至可以使整个工厂实现工厂自动化。

目前全世界有 200 多个厂家生产 300 多个品种的 PLC 产品，主要应用在汽车（23%）、粮食加工（16.4%）、化学/制药（14.6%）、金属/矿山（11.5%）、纸浆/造纸（11.3%）等行业。

# 练习与思考

1. 什么叫可编程控制器？可编程控制器与继电器控制有何区别？

2. 可编程控制器有哪些主要特点？

3. 说明 $FX_{2N}-48MR$ 型号的意义，并说出它的输入、输出点。

# 模块二　PLC 的结构与工作原理

## 一、学习目标

（1）掌握 PLC 的硬件组成及软件组成。

（2）熟悉 PLC 的结构及工作原理。

（3）掌握 PLC 编程元件的功能和使用方法。

（4）掌握 $FX_{2N}$ 系列 PLC 的型号、安装与接线。

## 二、学习任务

### 1. 本模块的基本任务

（1）了解 PLC 的结构及工作原理。

（2）熟练掌握 PLC 编程元件的功能和使用方法。

（3）熟练掌握 $FX_{2N}$ 系列 PLC 的型号、安装与接线。

### 2. 任务流程图

本模块的任务流程图见图 2-1。

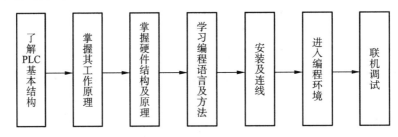

图 2-1　任务流程图

## 三、环境设备

学习本模块所需工具、设备见表 2-1。

表 2-1　工具、设备清单

| 序号 | 分类 | 名　称 | 型 号 规 格 | 数量 | 单位 | 备注 |
|---|---|---|---|---|---|---|
| 1 | 工具 | 常用电工工具 | | 1 | 套 | |
| 2 | | 万用表 | MF47 | 1 | 只 | |
| 3 | 设备 | PLC | $FX_{2N}$-48MR | 1 | 只 | |
| 4 | | LED 灯 | | 若干 | 只 | |

# 2.1　PLC 的组成

PLC 系统的组成与计算机基本相同，也是由硬件系统和软件系统两大部分组成。

## 2.1.1　PLC 的硬件系统

PLC 的硬件系统是指构成它的各个结构部件，小型可编程 PLC 主要由中央处理器(CPU)、存储器(RAM、ROM)、输入/输出设备(I/O)、电源和编程设备等部分组成，见图 2-2。

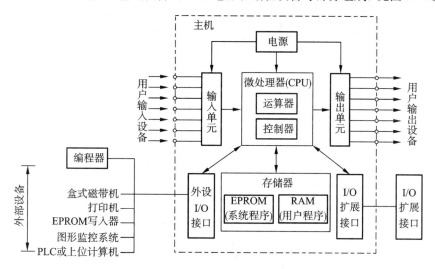

图 2-2　可编程控制器的硬件组成

### 1. 输入单元

输入单元是连接可编程控制器与其他外设之间的桥梁。生产设备的控制信号通过输入模块传送给 CPU。

开关量输入接口用于连接按钮、选择开关、行程开关、接近开关和各类传感器传来的信号，PLC 输入电路中有光耦合器隔离，并设有 RC 滤波器，用以消除输入触点的抖动和外部噪声干扰。当输入开关闭合时，一次电路中流过电流，输入指示灯亮，光耦合器被激励，三极管从截止状态变为饱和导通状态，这是一个数据输入过程。图 2-3 给出了直流及交流两类输入口的电路图，图中虚线框内的部分为 PLC 内部电路，框外为用户接线。在一般整体式可编程控制器中，直流输入口都使用可编程本机的直流电源供电，不再需要外接电源。

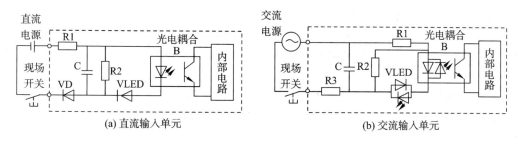

图 2-3　开关量输入单元

### 2. 开关量输出单元

开关量输出单元用于连接继电器、接触器、电磁阀线圈,是 PLC 的主要输出口,是连接可编程控制器与控制设备的桥梁。CPU 运算的结果通过输出单元模块输出。输出单元模块是通过将 CPU 运算的结果进行隔离和功率放大来驱动外部执行元件。输出单元类型很多,但是它们的基本原理是相似的。

PLC 有三种输出方式:继电器输出、晶体管输出、晶闸管输出。图 2-4 为 PLC 的三种输出电路图。

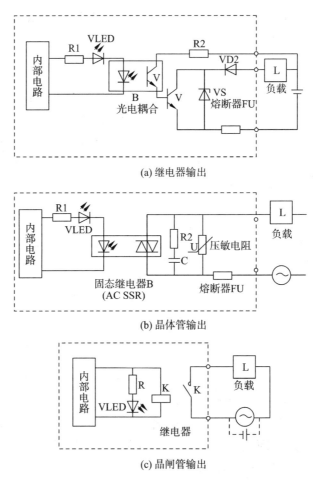

(a) 继电器输出

(b) 晶体管输出

(c) 晶闸管输出

图 2-4　开关量输出单元

继电器输出型最常用。当 CPU 有输出时,接通或断开输出线路中继电器的线圈,继电器的触点闭合或断开,通过该触点控制外部负载线路的通断。继电器输出线圈与触点已完全分离,故不再需要隔离措施,用于开关速度要求不高且又需要大电流输出负载能力的场合,响应较慢。

晶体管输出型是通过光电耦合器驱动开关使晶体管截止或饱和来控制外部负载线路,并对 PLC 内部线路和输出晶体管线路进行电气隔离。用于要求快速断开、闭合或动作频繁的场合。

第三种是双向晶闸管输出型,采用了光触发型双向晶闸管。

输出线路的负载电源由外部提供。负载电流一般不超过 2 A。实际应用中，输出电流额定值与负载性质有关。

### 3. 中央处理器 CPU(微处理器)

CPU 单元又叫做中央处理器单元或控制器，它主要由微处理器(CPU)和存储器组成。CPU 的作用类似于人的大脑和心脏。它采用扫描工作方式，每一次扫描完成以下工作：

(1) 输入处理：将现场的开关量输入信号读进输入映像寄存器。

(2) 程序执行：逐条执行用户程序，完成数据的存取、传送和处理工作，并根据运算结果更新各有关映像寄存器的内容。

(3) 输出处理：将输出映像寄存器的内容传送给输出单元，控制外部负载。

中央处理器 CPU 是 PLC 核心元件、PLC 控制运算中心，它在系统程序的控制下，完成逻辑运算、数学运算、协调系统内部各部分工作等任务。可编程控制器中常用的 CPU 主要采用微处理器、单片机和双极片式微处理器三种类型，PLC 常用 CPU 有：8080、8086、80286、80386、单片机 8031、8096，位片式微处理器如：AM2900、AM2901、AM2903 等等。可编程控制器的档次越高，CPU 的位数也越多，运算速度也越快，功能指令越强。$FX_{2N}$ 系列可编程控制器使用的微处理器是 16 位的 8096 单片机。

### 4. 存储器

存储器是可编程控制器存放系统程序、用户程序及运算数据的单元。和一般计算机一样，可编程控制器的存储器有只读存储器(ROM)和随机读写存储器(RAM)两大类，只读存储器是用来保存那些需永久保存，即使机器掉电后也需保存程序的存储器，只读存储器用来存放系统程序。随机读写存储器的特点是写入与擦除都很容易，但在掉电情况下存储的数据就会丢失，一般用来存放用户程序及系统运行中产生的临时数据，为了能使用户程序及某些运算数据在可编程控制器脱离外界电源后也能保持，在实际使用中都为一些重要的随机读写存储器配备电池或电容等掉电保持装置。

### 5. 外部设备

编程器。编程器是 PLC 必不可少的重要外部设备，它主要用来输入、检查、修改、调试用户程序，也可用来监视 PLC 的工作状态。编程器分简易编程器和智能型编程器，简易编程器价廉，用于小型 PLC，智能型编程器价高，用于要求比较高的场合。另一类是个人计算机，在个人计算机上添加适当的硬件和相关的编程软件，即可用计算机对 PLC 编程。利用微机作编程器，可以直接编制、显示、运行梯形图，并能进行 PC—PLC 的通信。

其他外部设备：根据需要，PLC 还可能配设其他一些外部设备。如盒式磁带机，打印机、EPROM 写入器以及高分辨率大屏幕彩色图形监控系统等，用以显示或监视有关部分的运行状态。

### 6. 电源部分

PLC 的供电电源是一般市电，电源部分是将交流 220 V 转换成 PLC 内部 CPU 存储器等电子线路工作所需直流电源。PLC 内部有一个设计优良的独立电源，常用的是开关式稳压电源，用锂电池作停电后的后备电源，有些型号的 PLC 如 F1、FX 系列电源部分还有 24V 直流电源输出，用于对外部传感器供电。

### 7. PLC 的外部结构

PLC 的外部结构如图 2-5 所示。

(a) 三菱FX$_{1S}$/FX$_{1N}$系列PLC

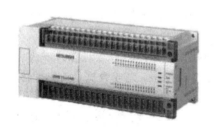
(b) 三菱FX$_{2N}$系列PLC

(c) 西门子S7-200系列PLC

(d) 西门子新一代S7-400系列PLC

(e) 欧姆龙C200H型机系列PLC

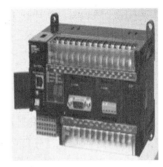
(f) 欧姆龙CP1H系列PLC

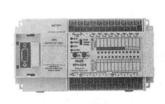
(g) 松下FP1系列PLC

(h) 松下FPΣ系列PLC

(i) 富士PLC

(j) 施耐德PLC

图 2-5　PLC 的外部结构

## 2.1.2　PLC 编程语言

　　PLC 的控制作用是靠用户程序来实现，所以必须将系统的控制要求用程序表示。程序的编写需要使用 PLC 生产厂家提供的编程语言。各个品牌的 PLC 编程语言及编程工具大致相同。

　　根据国际电工委员会制定的工业控制编程语言标准（IEC1131-3），PLC 有五种标准编程语言：梯形图语言（LD）、指令表语言（IL）、功能模块语言（FBD）、顺序功能流程图语言（SFC）、结构文化本语言（ST）。这五种标准编程语言，十分简单易学。

（1）梯形图语言。梯形图语言是 PLC 程序设计中最常用的编程语言。它是与继电器线路类似的一种编程语言。由于电气设计人员对继电器控制较为熟悉，因此，梯形图语言得到了广泛的应用。梯形图编程语言的特点是：与电气操作原理图相对应，具有直观性和对应性；与原有继电器控制相一致，电气设计人员易于掌握。梯形图语言与原有的继电器控制的不同点是：梯形图中的能流不是实际意义的电流，内部的继电器也不是实际存在的继电器，应用时，需要与原有继电器控制的概念区别对待。

（2）指令表语言。指令表语言是与汇编语言类似的一种助记符编程语言，和汇编语言一样由操作码和操作数组成。在无计算机的情况下，适合采用 PLC 手持编程器对用户程序进行编制。同时，指令表语言与梯形图语言图一一对应，在 PLC 编程软件下可以相互转换。后述的 b 图就是与 a 图 PLC 梯形图对应的指令表。如图 2-6 所示。

指令表语言的特点是：采用助记符来表示操作功能，容易记忆，便于掌握；在手持编程器的键盘上采用助记符表示，便于操作，可在无计算机的场合进行编程设计；与梯形图有一一对应关系。其特点与梯形图语言基本一致。

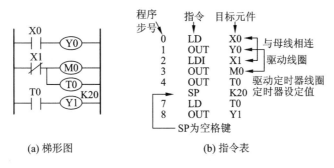

(a) 梯形图　　　　　　　　　(b) 指令表

图 2-6　梯形图及指令表

（3）功能模块语言。功能模块语言是与数字逻辑电路类似的一种 PLC 编程语言。它采用功能模块图的形式来表示模块所具有的功能，不同的功能模块有不同的功能。功能模块语言的特点是：以功能模块为单位，分析理解控制方案简单容易；功能模块是用图形的形式表达功能，直观性强，对于具有数字逻辑电路基础的设计人员很容易掌握的编程；对规模大、控制逻辑关系复杂的控制系统，由于功能模块图（如图 2-7 所示）能够清楚表达功能关系，使编程调试时间大大减少。

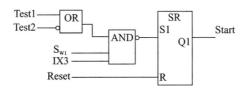

图 2-7　功能模块图

（4）顺序功能流程图语言。顺序功能流程图语言是为了满足顺序逻辑控制而设计的编程语言。编程时将顺序流程动作的过程分成步和转换条件，根据转移条件对控制系统的功能流程顺序进行分配，一步一步地按照顺序动作。每一步代表一个控制功能任务，用方框表示，在方框内含有用于完成相应控制功能任务的梯形图逻辑，如图 2-8 所示。这种编程语言使程序结构清晰，易于阅读及维护，可以大大减轻编程的工作量，缩短编程和调试时间，用于系统规模较大、程序关系较复杂的场合。

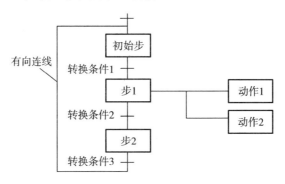

图 2-8　顺序功能流程图

顺序功能流程图编程语言的特点：以功能为主线，按照功能流程的顺序分配，条理清楚，便于对用户程序理解；避免梯形图或其他语言不能顺序动作的缺陷，同时也避免了用梯形图语言对顺序动作编程时，由于机械互锁造成用户程序结构复杂、难以理解的缺陷；用户程序扫描时间也大大缩短。

（5）结构文本化语言。随着 PLC 技术的发展，为了完成较复杂的控制运算、数据处理及通信等功能，以上编程语言无法很好地满足要求。近年来推出的 PLC，尤其是大型 PLC，都可以用高级语言，如 BASIC 语言、C 语言、Pascal 语言等进行编程。采用结构化语言后，用户可以像使用普通微型计算机一样操作 PLC，使 PLC 的各种功能得到更好的发挥。使用结构文本化语言需要有一定的计算机高级程序设计语言的知识和编程技巧，对编程人员的技能要求较高，普通电气人员无法完成。

# 2.2　PLC 的工作原理

## 2.2.1　PLC 的基本工作原理

一般来说，当 PLC 运行后，其工作过程可分为输入采样阶段、程序执行阶段和输出刷新阶段。完成上述 3 个阶段即称为完成一个扫描周期，如图 2-9 所示。

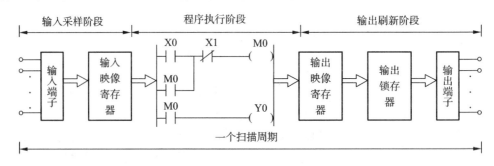

图 2-9　PLC 的扫描工作过程

输入采样阶段：PLC 将各输入状态存入对应的输入映像寄存器中，此时，输入映像寄存器被刷新，接着进入程序执行阶段。在程序执行阶段或输出刷新阶段，输入元件映像寄存器与外界隔绝，无论输入端子信号怎么变化，其内容保持不变，直到下一个扫描周期的输入采样阶段才将输入端子的新内容重新写入。

程序执行阶段：PLC 根据最新读入的输入信号，以先左后右、先上后下的顺序逐行扫描，执行一次程序，结果存入元件映像寄存器中。对于元件映像寄存器，每个元件（除输入映像寄存器之外）的状态会随着程序的执行而变化。

输出刷新阶段：在所有指令执行完毕后，输出映像寄存器中所有输出继电器的状态（"1"或"0"）在输出刷新阶段转存到输出锁存器中，通过一定的方式输出驱动外部负载。

### 2.2.2　三菱 FX$_{2N}$ 系列 PLC 的编程元件

**1. 输入继电器（X）**

输入继电器是 PLC 用来接收用户输入设备发来的输入信号的。

◆ 编号为 X000—X177（八进制）

输入继电器一般都有一个 PLC 的输入端子与之对应，它是 PLC 用来接收用户设备输入信号的接口。当接在输入端子的开关元件闭合时，输入继电器的线圈得电，在程序中的常开触点闭合，常闭触点断开，这些触点可以在编程时任意使用，使用次数不受限制。编程时应注意的是，输入继电器的线圈只能由外部信号来驱动，不能在程序内用指令来驱动，因此在用于编制的梯形图中只能出现输入继电器的触点，而不应出现输入继电器的线圈，其触点也不能直接输出带动负载。

**2. 输出继电器（Y）**

输出继电器是用来将 PLC 内部信号输出传送给外部负载

◆ 编号为 Y000—Y177（八进制）

输出继电器一般也都有一个 PLC 的输出端子与之对应，它是用来将输出信号传送到负载的接口，用于驱动负载。当输出继电器的线圈得电时，对应的输出端子接通，负载电路开始工作。每一个输出继电器线圈有无数对常开触点和常闭触点供编程时使用。编程时需要注意的是，外部信号无法直接驱动输出继电器，它只能在程序内部驱动。

**3. 辅助继电器（M）**

FX$_{2N}$ 系列 PLC 内部有很多辅助继电器（M），辅助继电器和 PLC 外部无任何直接联系，只能由 PLC 内部程序控制。其常开/常闭触点只能在 PLC 内部编程使用，且可以使用无限次，但是不能直接驱动外部负载，外部负载只能由输出继电器触点驱动。FX$_{2N}$ 系列 PLC 的辅助继电器分为通用辅助继电器、断电保持辅助继电器和特殊辅助继电器。

（1）辅助继电器：采用 M 和十进制共用组成编号。在 FX$_{2N}$ 系列 PLC 中，除了输入继电器（X）和输出继电器（Y）采用八进制，其他编程元件均采用十进制。

（2）通用辅助继电器：M0～M499 共 500 点是通用辅助继电器。通用辅助继电器在 PLC 运行时，如果电源突然断电，则全部线圈均断开。当电源再次接通时，除了因外部输入信号而变为接通的以外，其余的仍将保持断开状态，它们没有断电保护功能。通用辅助继电器常在逻辑运算中作为辅助运算、状态暂存、移位等。

M0～M499 可以通过编程软件的参数设定改为断电保持辅助继电器。

（3）断电保持辅助继电器：M500～M3071 共 2571 个断电保持辅助继电器。它与普通辅助继电器不同的是具有断电保持功能，即能记忆电源中断瞬间的状态，并在重新通电后再现其状态。它之所以能在电源断电时保持其原有的状态，是因为电源中断时它们用 PLC

的锂电池保持自身映像寄存器中的内容，其中，M500～M1023 共 524 点可以通过编程软件的参数设定改为通用辅助继电器。

（4）特殊辅助继电器：M8000～M8255 共 256 点为特殊辅助继电器。根据使用方式可分为触点型和线圈型两大类。

① 触点型：其线圈由 PLC 自行驱动，用户只能利用其他触点。

例如：

M8000：运行监视器（在 PLC 运行时接通），M8001 与 M8000 相反逻辑。

M8002：初始逻辑，只在 PLC 开始运行的第一个扫描周期接通，M8003 与 M8002 相反逻辑。

M8011：10 ms 时钟脉冲。

M8012：100 ms 时钟脉冲。

M8013：1 s 时钟脉冲。

M8014：1 min 时钟脉冲。

② 线圈型：由用户程序驱动线圈后 PLC 执行特定的动作。

例如：

M8030：使 BATTLED（锂电池欠压指示灯）熄灭。

M8033：PLC 停止时输出保持。

M8034：禁止全部输出。

M8039：定时扫描方式。

### 4. 状态继电器（S）

它也称顺序控制继电器，常用于顺序控制或步进控制中，并与其指令一起使用实现顺序或步进控制功能流程图的编程。通常状态继电器可以分为下面 5 个类型：① 初始状态继电器：地址范围是从 S0～S9，共 10 个点；② 回零状态继电器：地址范围是从 S10～S19，共 10 个点；③ 通用状态继电器：地址范围是从 S20～S499，共 480 个点；④ 断电保持状态继电器：地址范围是从 S500～S899，共 400 个点；⑤ 报警用状态继电器：地址范围是从 S900～S999，共 100 个点。

### 5. 定时器（T）

定时器在可编程控制器中的作用相当于一个时间继电器，它有一个设定值寄存器（字）、一个当前值寄存器（字）以及无数个触点（bit）。对于每一个定时器，这 3 个量使用同一个名称，但使用场合不一样，其所指也不一样。通常一个可编程控制器中有几十个至数百个定时器，可用于定时操作。

定时器实际是内部脉冲计数器，可对内部 1 ms、10 ms 和 100 ms 时钟脉冲进行加计数，当达到用户设定值时，触点动作。

定时器可以用用户程序存储器内的常数 k 或 H 作为设定值，也可以用数据寄存器 D 的内容作为设定值。

定时器主要类型如下：

（1）普通定时器（T0～T245）：100 ms 定时器 T0～T199 共 200 点，设定范围 0.1～3276.7 s；10 ms 定时器 T200～T245 共 46 点，设定范围 0.01～327.67 s。

（2）积算定时器（T246～T255）：1 ms 定时器 T246～T249 共 4 点，设定范围 0.001～

32.767 s；100 ms 定时器 T250～T255 共 6 点，设定范围为 0.1～3276.7 s。

定时器的基本原理及基本应用电路如下：

（1）普通定时器的基本原理如图 2-10 所示。

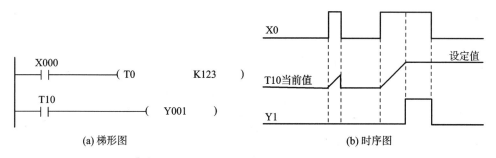

图 2-10　普通定时器的工作原理

（2）积算定时器的基本原理如图 2-11 所示。

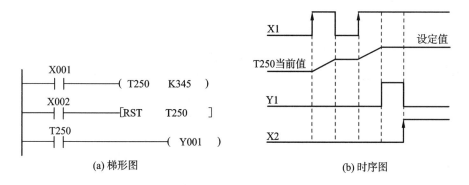

图 2-11　积算定时器的工作原理

（3）定时器的基本应用电路如下所示：

① 通电延时/断电延时电路如图 2-12 所示。

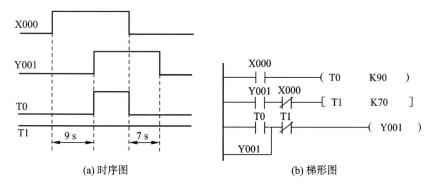

图 2-12　通电延时/断电延时

② 定时器的串联电路如图 2-13 所示。

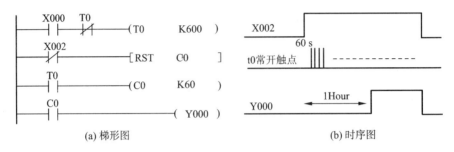

图 2-13　定时器的串联

其中，延时时间＝T0＋T1＝3600 s。

③ 定时器和计数器配合使用电路如图 2-14 所示。

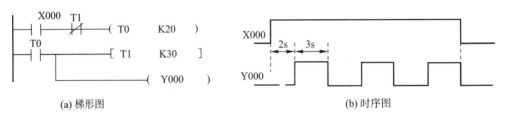

(a) 梯形图　　　　　　　　　　　　　(b) 时序图

图 2-14　定时器和计数器配合使用

④ 闪烁(振荡)电路如图 2-15 所示。

(a) 梯形图　　　　　　　　　　　　　(b) 时序图

图 2-15　闪烁(振荡)电路

### 6. 计数器(C)

FX$_{2N}$系列 PLC 提供了两类计数器：一类为内部计数器，它是 PLC 在执行扫描操作时对内部信号等进行计数的计数器，要求输入信号的接通或断开时间应大于 PLC 的扫描周期；另一类是高速计数器，其响应速度快，因此对于频率较高的计数就必须采用高速计数器。在此章中仅介绍内部计数器。

内部计数器分为 16 位加计数器和 32 位加/减计数器两类，计数器采用 C 和十进制共同组成的编号。

#### 1) 16 位加计数器

C0～C199 共 200 点是 16 位加计数器，其中 C0～C99 共 100 点为通用型，C100～C199 共 100 点为断电保持型(断电保持型即断电后能保持当前值，待通电后继续计数)。这类计数器为递加计数，应用前先对其设置某一设定值，当输入信号(上升沿)个数累加到设定值时，计数器动作，其常开触点闭合、常闭触点断开。16 位加计数器的设定值为 1～32 767，设定值可以用常数 K 或者通过数据寄存器 D 来设定。

16 位加计数器的工作过程如图 2-16 所示。途中计数输入 X000 是计数器的工作条件，X000 每次驱动计数器 C0 的线圈时，计数器的当前值加 1。"K5"为计数器的设定值。当第 5 次执行线圈指令时，计数器的当前值和设定值相等，就输出触电动作。Y000 为计数器 C0 的工作对象，在 C0 的常开触点接通时置 1。而后即使计数器输入 X000 再动作，计数器的当前值保持不变。由于计数器的工作条件 X000 本身就是继续工作的，外电源正常时，其当前值寄存器具有记忆功能，因而即使是非掉电保持型的计数器也需要复位指令才能复位。图 2-16 中 X001 为复位条件。当复位输入 X001 在上升沿接通时，执行 RST 指令，计数器的当前复位为 0，输出触点也复位。

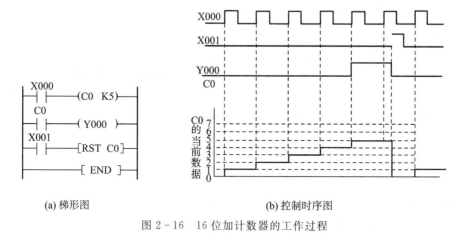

(a) 梯形图　　　　　　　(b) 控制时序图

图 2-16　16 位加计数器的工作过程

2）32 位加/减计数器

C200～C234 共有 35 点，其中 C200～C219 共 20 点为通用型，C220～C234 共 15 点为继电保持型。这类计数器与 16 位加计数器除位数不同外，还在于它能通过控制实现加/减双向计数。32 位加/减计数器的设定值为 -214 783 648～+214 783 647。

C200～C234 是加计数还是减计数，分别由特殊辅助继电器 M8200～M8234 设定。对应的特殊辅助继电器被置 1 时为减计数，被置 0 时为加计数。计数器的设定值与 16 位计数器一样，可直接用常数 k 或间接用数据寄存器 D 的内容作为设定值。在间接设定时，要用编号紧连在一起的两个数据计数器。

32 位加/减计数器的工作过程如图 2-17 所示。X012 用来控制 M8200，M012 闭合时为减计数方式，否则为加计数方式。X013 为复位信号，X013 的常开触点接通时，C200 被复位。X014 作为计数输入驱动 C200 线圈进入加计数或减计数。计数器设定值为 -5。当计数器的当前值由 -6 增加为 -5 时，其触点置 1，由 -5 减少为 -6 时，其触点置 0。

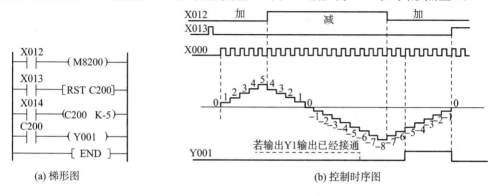

(a) 梯形图　　　　　　　(b) 控制时序图

图 2-17　32 位加/减计数器工作过程示意图

### 7. 高速计数器(HSC)

高速计数器的工作原理和普通计数器基本相同。不同的是普通计数器的计数频率受扫描周期的影响，因此计数的频率不能太高；而高速计数器用来累计比 CPU 扫描速率更快的高速脉冲。高速计数器的地址范围是 C235～C255。

### 8. 数据寄存器(D)

数据寄存器主要有以下类型：

通用数据寄存器：地址范围是 D0～D199，共 200 点。

电池后备/锁存数据寄存器：地址范围是 D200～D7999，共 7800 个点。

特殊寄存器：地址范围是 D8000～D8255，用来控制和监视 PLC 内部的各种工作方式和元件。

文件寄存器：地址范围是 D1000～D7999，共 7000 个点。

变址寄存器：FX$_{2N}$ 系列 PLC 有 16 个变址寄存器，地址范围分别是 V0～V7、Z0～Z7，变址寄存器除了和通用的数据寄存器具有相同的使用方法外，还可以用来改变编程元件的元件号。

### 9. 指针(P/I)

指针(P/I)包括分支和子程序用的指针(P)及中断用的指针(I)。分支和子程序用的指针从 P0～P127，共 128 点。输入中断用的指针从 I00□～I50□，□为 0 表示下降沿中断，为 1 表示上升沿中断，定时中断从 I6□～I8□。□表示 10～99 ms。

### 10. 常数(K/H)

常数也作为编程元件对待，它在存储器中占有一定的空间，十进制数用 K 表示，十六进制常数用 H 表示。

## 2.3　三菱 FX$_{2N}$系列 PLC 的硬件结构

### 1. 基本单元

基本单元即主机或本机。它包括 CPU、存储器、基本输入/输出点和电源等，是 PLC 的主要部分。它实际上是一个完整的控制系统，可以独立完成一定的控制任务，表 2-2 给出的是 FX$_{2N}$ 系列 PLC 的基本单元。

表 2-2　FX$_{2N}$基本单元

| 型　　号 | | | 输入点数 | 输出点数 | 输入/输出总点数 |
|---|---|---|---|---|---|
| 继电器输出 | 晶闸管输出 | 晶体管输出 | | | |
| FX$_{2N}$-16MR-001 | FX$_{2N}$-16MS-001 | FX$_{2N}$-16MT-001 | 8 | 8 | 16 |
| FX$_{2N}$-32MR-001 | FX$_{2N}$-32MS-001 | FX$_{2N}$-32MT-001 | 16 | 16 | 32 |
| FX$_{2N}$-48MR-001 | FX$_{2N}$-48MS-001 | FX$_{2N}$-48MT-001 | 24 | 24 | 48 |
| FX$_{2N}$-64MR-001 | FX$_{2N}$-64MS-001 | FX$_{2N}$-64MT-001 | 32 | 32 | 64 |
| FX$_{2N}$-80MR-001 | FX$_{2N}$-80MS-001 | FX$_{2N}$-80MT-001 | 40 | 40 | 80 |
| FX$_{2N}$-128MR-001 | — | FX$_{2N}$-128MT-001 | 64 | 64 | 128 |

**2. 扩展单元**

扩展单元由内部电源、内部输入/输出电路组成，需要和基本单元一起使用。在基本单元的 I/O 点数不够时，可采用扩展单元来扩展 I/O 点数。

**3. 扩展模块**

扩展模块由内部输入输出电路组成，自身不带电源，由基本单元、扩展单元供电，需要和基本单元一起使用。在基本单元的 I/O 点数不够时，可采用扩展模块来扩展 I/O 点数。

**4. 特殊功能模块**

$FX_{2N}$ 系列 PLC 提供了各种特殊功能模块，当需要完成某些特殊功能的控制任务时，就需要用到特殊功能模块，主要包括以下几种：模拟量输入/输出模块，数据通信模块，高速计数器模块和运动控制模块。

**5. 相关设备**

1）专用编程器

$FX_{2N}$ 系列 PLC 有自己专用的液晶显示的手持式编程器 FX-10P-E 和 FX-20P-E，它们不能直接输入和编辑梯形图程序，只能输入和编辑指令表程序，可以监视用户程序的运行情况。

2）编程软件

在开发和调试过程中，专用编程器编程不方便，使用范围和寿命也有限，因此目前的发展趋势是在计算机上使用编程软件。目前常用的 $FX_{2N}$ 系列 PLC 的编程软件是 FX-FCS/WIN-E/-C 和 SWOPC-FXGP/WIN-C 编程软件，它们是汉化软件，可以编辑梯形图和指令表，并可以在线监控用户程序的执行情况。

3）显示模块

显示模块 FX-10DM-E 可以安装在控制屏的面板上，用电缆与 PLC 相连，有 5 个键和带背光的 LED 显示器，显示两行数据，每行 16 个字符，可用于各种型号的 FX 系列 PLC。可以监视和修改定时器 T、计数器 C 的当前值和设定值，监视和修改数据寄存器 D 的当前值。

4）图形操作终端

GOT-900 系列图形操作终端是 $FX_{2N}$ 系列 PLC 人机操作界面中较常用的一种。它的电源电压为 DC24V，用 RS-232C 或 RS-485 接口与 PLC 通信。有 50 个触摸键，可以设置 500 个画面。可以用于监控或现场调试。

**6. $FX_{2N}$ 系列 PLC 性能指标**

在使用 PLC 的过程中，除了需要熟悉 PLC 的硬件结构，还应了解 PLC 的一些性能指标。包括：$FX_{2N}$ 的一般技术指标，$FX_{2N}$ 的电源指标，$FX_{2N}$ 的输入技术指标和 $FX_{2N}$ 的输出技术指标。

# 2.4　三菱 $FX_{2N}$ 系列 PLC 的外部接线

**1. 端子排**

$FX_{2N}$-48MR 型 PLC 的接线端子如图 2-18 所示。L、N 端是电源的输入端，一般直接使用工频交流电(AC100~250 V),L 端为交流电源相线,N 为交流电源的中性线。机内自带直流 24 V 内部电源,为输入器件和扩展单元供电。X0~X17 为输入端子,COM 为输入端子的公共端。Y0~Y17 为输出端子,COM1~ COM4 为输出端子的公共端。FX$_{2N}$-48MR 的输入端子只有一个公共端子 COM,而输出端子的公共端共有 4 个(COM1~COM4),其中 Y0、Y1、Y2、Y3 的公共端子为 COM1,Y4、Y5、Y6、Y7 的公共端子为COM2,中间用颜色较深的分隔线分开,其他公共端同理。

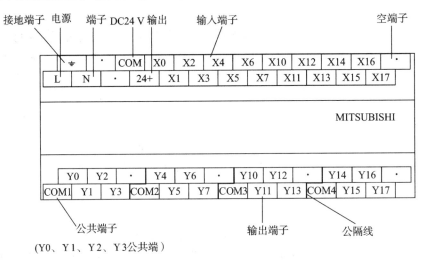

图 2-18   FX$_{2N}$-48MR 的端子排列

### 2. 漏型输入和源型输入

漏型输入和源型输入是针对直流输入的,对于 FX$_{2N}$ 系列 PLC 来说,DC 电流从 PLC 公共端(COM 端)流进,而从输入端流出,称为漏型输入。而源型输入电路的电流是从 PLC 的输入端流进,而从公共端流出。三菱公司在中国销售的 FX$_{2N}$ 系列 PLC 只有漏型输入的型号。当输入是无电压触点输入时,如图 2-19 所示,电流经 24+端子输出,经内部电路、X 输入端子和外部的触点,从 COM 端子流回 24 V 电源的负极。当输入是 2 线式接近传感器时,接线如图 2-20 所示,2 线式接近传感器为 NPN 型。当输入是 3 线式接近传感器时,接线如图 2-21 所示,3 线式接近传感器也是 NPN 型。

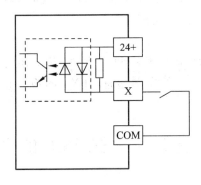

图 2-19   无电压触点输入接线图

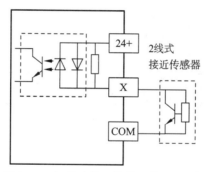

图 2-20　2 线式接近传感器输入接线图

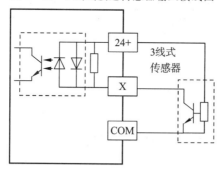

图 2-21　3 线式接近传感器输入接线图

**3. 漏型输出和源型输出**

　　$FX_{2N}$ 系列的 PLC 输出有漏型输出和源型输出两种类型，漏型输出是指负载电流流入输出端子，而从公共端子流出。源型输出是指负载电流从输出端子中流出，而从公共端子流入。漏型输出如图 2-22 所示，当输出继电器 Y 为 ON 时，电流从 Y 端流入，从公共端 COM 流出。源型输出如图 2-23 所示，当梯形图中的输出继电器 Y 为 ON 时，电流从公共端 COM 流入，从 Y 端流出。

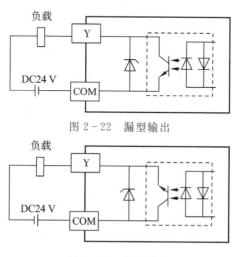

图 2-22　漏型输出

图 2-23　源型输出

**4. 外部接线实例**

　　以 $FX_{2N}$-48MR 型 PLC 为例，在 PLC 的输入端接入一个按钮、一个限位开关，还有一个接近开关；输出为一个 220 V 的交流接触器和一个电磁阀，如图 2-24 所示。

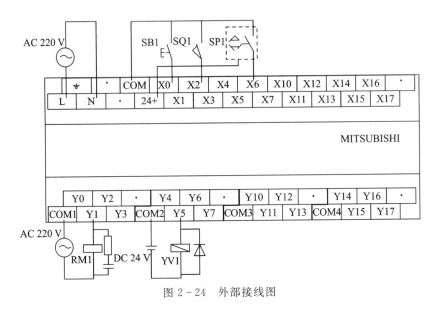

图 2 - 24  外部接线图

# 2.5  PLC 的编程软件

## 2.5.1  FXGP - WIN - C 主界面的认识

### 1. PLC 程序上载

PLC 程序上载步骤如下：

第一步：点击菜单栏中的"PLC"→"端口设置"，弹出"端口设置"的对话框，如图 2 - 25 所示。选择正确的串行口后，按"确认"键。

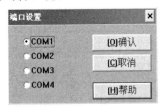

图 2 - 25  "端口设置"对话框

第二步：点击菜单栏中的"PLC"→"程序读入"，弹出"PLC 类型设置"的对话框，如图 2 - 26 所示。选择正确的 PLC 型号，按"确认"键后，等待几分钟，PLC 的程序即上载到编程软件的程序界面中并通过"文件"→"保存"存入相应的文件夹中。

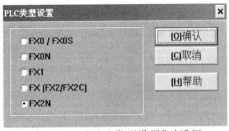

图 2 - 26  "PLC 类型设置"对话框

**2．程序编辑菜单**

点击菜单栏中的"文件"→"新文件"按钮，弹出"PLC 类型设置"窗口，选择好型号后按"确认"，出现图 2-27 所示的梯形图编程界面，界面显示左右母线、编程区、光标位置、菜单栏、工具栏、功能图栏、功能键、状态栏以及标题栏等。

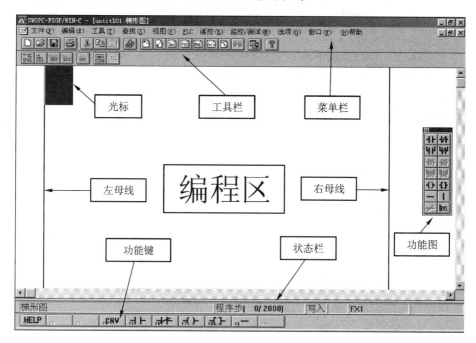

图 2-27　梯形图编程界面

**3．程序的生成与下载**

程序文件的来源有三个：新建一个程序文件，或打开已有的程序文件，还可以从 PLC 上传运行的程序文件。现以新建程序文件为例，简单介绍程序的生成和下载。

1）新建程序文件

点击"文件"→"新建"，选择 PLC 型号 FX$_{2N}$，按"确认"键。

2）输入元件

将光标（深蓝色矩形框）放置在预置元件的位置上，然后点击"工具"→"触点（或线圈）"，或点击功能图栏中图标**╫**（触点）或**◇**（线圈），弹出"输入元件"对话框，键入元件号，如"X1"、"Y2"。定时器 T 和计数器 C 的元件号和设定值用空格符隔开，如图 2-28 所示。可以直接键入应用指令，指令助记符和各操作数之间用空格符隔开，如图 2-29 所示。

图 2-28　"输入元件"对话框

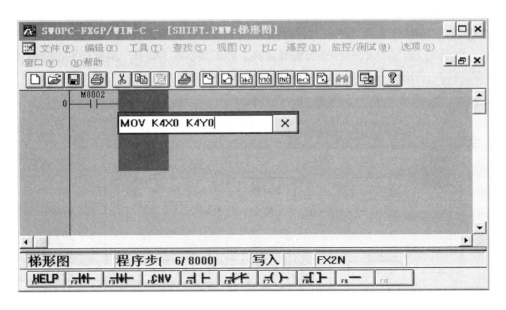

图 2 - 29　应用指令输入

3）连线与删除

连线方向有两个：一个是水平连线，另一个是垂直连线。

水平连线的方法：将光标放置在预放置水平连线的地方，然后点击"工具"→"连线"→"—"（或点击功能图栏中图标 ━ ）。

删除水平连线的方法：将光标选中准备删除的水平连线上，然后点击鼠标右键，在下拉菜单中点击"剪切"（或直接按键盘的"delete"键）。

垂直连线的方法：将光标放置在预放置垂直连线的右上方，然后点击"工具"→"连线"→"|"（或点击功能图栏中图标 | ）。

删除垂直连线的方法：将光标选中准备删除的水平连线的右上方，然后点击"工具"→"连线"→"删除"（或点击功能图栏中图标 DEL ）。

4）程序的转换

在编写程序的过程中，点击"工具"→"转换"（或点击工具栏中图标 ），可以对已编写的梯形图进行语法检查，如果没有错误，就将梯形图转换成指令格式并存放在计算机中，同时梯形图编程界面由灰色变成白色。如果出错，将提示"梯形图错误"。

5）程序的下载

程序的下载过程如下：

首先，把 PLC 主机的 RUN/STOP 开关拨到"STOP"位置，或者点击"PLC"→"遥控运行/停止"→"停止"→"确认"。

接着，点击"PLC"→"传送"→"写出"，弹出"PC 程序写入"窗口，如图 2 - 30 所示。选择"范围设置"，写入范围比实际程序步数略大，从而减少写入时间。

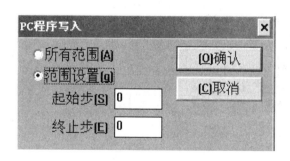

图 2-30 "PC 程序写入"窗口

**4. 监控与调试**

在 SWOPC-FXGP/WIN 编程环境中，可以监控各软元件的状态，还可通过强制执行改变软元件的状态，这些功能主要在"监控/测试"菜单中完成，其界面如图 2-31 所示。

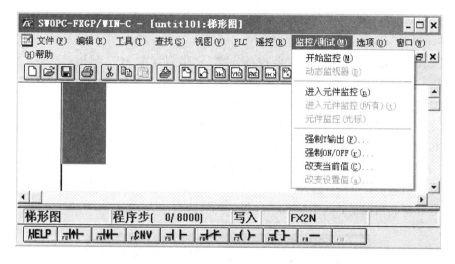

图 2-31 "监控/测试"菜单界面

将编辑好的程序下载到 PLC 中后，把 PLC 主机的 RUN/STOP 开关拨到"RUN"位置，或者点击编程界面"PLC"→"遥控运行/停止"→"运行"→"确认"，PLC 开始运行程序。如点击"PLC"→"遥控运行/停止"→"停止"→"确认"，PLC 被强制停止。

1）编程元件监控

编程元件的状态监控及无件监控界面，如图 2-32 及图 2-33 所示。

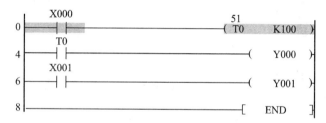

图 2-32 编程元件的状态监控

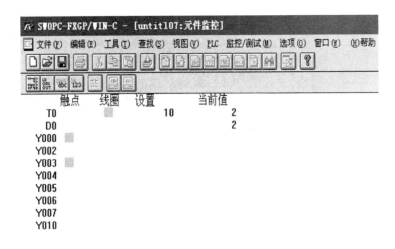

图 2-33　元件监控界面

2) 程序调试

输出元件 Y 的强制执行：点击"监控/调试"→"强制 Y 输出"，弹出对话框。输入 Y 元件号，选择工作状态 ON 或 OFF，单击"确认"按钮，在左下角方框中显示其状态，同时对应的 PLC 主机 Y 元件指示灯将根据选择状态亮或灭。

其他元件的强制执行：点击"监控/调试"→"强制 ON/OFF"，弹出对话框。输入编程元件类型和元件号（如 X30），选择工作状态"设置"或"重新设置"。如输入 X30，选中"设置"按钮，单击"确认"，对应的 PLC 主机 X 元件指示灯亮。

改变元件当前值：点击"监控/调试"→"改变当前值"后，弹出图 2-34 所示的对话框，输入元件号和新的当前值，点击"确认"按钮后新的数值送入 PLC。

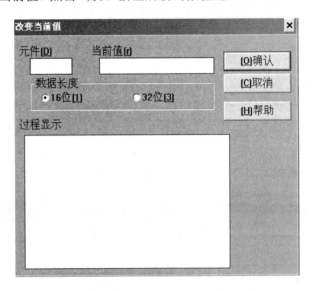

图 2-34　"改变当前值"对话框

改变定时器或计数器的设定值：在监控梯形图时，将光标选中定时器或计数器的线圈，点击"监控/调试"→"改变设置值"后，弹出如图 2-35 所示对话框，图中显示出定时器或计数器的元件号和原有的设定值，输入新的设定值，点击"确认"按钮，新的数值送入 PLC。可以用相同的方法改变 D、V 或 Z 的当前值。

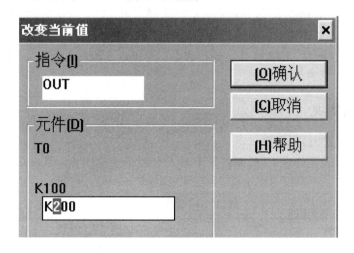

图 2-35 改变定时器的设定值

# 2.6 项目应用

## 2.6.1 项目任务

机床设备如刨床、铣床等在运行时，一般电动机都处于连续运行状态。但在试车或调整刀具与工件的相对位置时，电动机需要点动。

本系统的任务是：设计一个铣床的点动和连续运行控制系统，如图 2-36 所示。

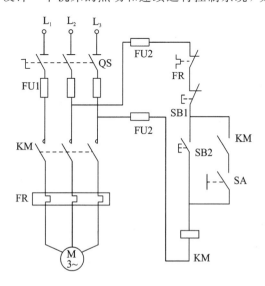

图 2-36 铣床的点动和连续运行电路图

任务要求：某铣床，在加工零件前，需要试车或调整刀具与工件的相对位置。启动时，合上开关 QS，引入三相电源。对刀时，断开开关 SA，按下按钮 SB2，KM 线圈得电，主触头闭合，电动机 M 接通电源直接启动运行；松开 SB2，KM 线圈断电释放，KM 常开主触头释放，三相电源断开，电动机 M 停止运行，从而实现对刀；对刀结束后，闭合开关 SA，再按下按钮 SB2，KM 线圈得电，主触头闭合，电动机 M 接通电源，实现连续运行，按下按钮 SB1，KM 线圈断电释放，KM 常开主触头释放，三相电源断开，电动机 M 停止运行，加工完成。

### 2.6.2 项目的实现

**1. I/O(输入/输出)分配表**

由上述控制要求可确定 PLC 需要 3 个输入点和 1 个输出点，其 I/O 分配表如表 2-3 所示。

表 2-3　I/O 分配表

| 输　入 | | | 输　出 | | |
|---|---|---|---|---|---|
| 输入继电器 | 输入元件 | 作用 | 输出继电器 | 输出元件 | 作用 |
| X000 | SB1 | 停止按钮 | Y000 | KM | 运行用交流接触器 |
| X001 | SB2 | 启动按钮 | | | |
| X002 | SA | 手动开关 | | | |

**2. 编程**

编程是根据任务要求和表 2-3 的 I/O 分配表分析，把手动开关 SA 串接在自锁电路中实现的。当手动开关 SA 闭合或打开时，就可实现电动机的连续或点动控制，通过图 2-37 所示的方案来实现 PLC 控制电动机的点动与连续运行电路的要求。

梯形图及指令表如图 2-37 所示。

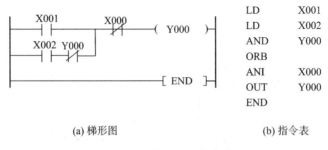

<table>
<tr><td align="center">(a) 梯形图</td><td align="center">(b) 指令表</td></tr>
</table>

图 2-37　梯形图及指令表

### 2.6.3 系统程序功能分析

**1. 硬件接线**

PLC 的外部硬件接线图如图 2-38 所示。

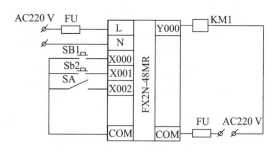

图 2-38　PLC 的外部硬件接线图

**2. 安装电路**

1）检查元器件

根据表 2-3 配齐元器件，检查元件的规格是否符合要求，检测元件的质量是否完好。万用表的检测过程如表 2-4 所示。在本项目中需要检测的元器件有按钮开关、熔断器、交流接触器、热继电器、PLC，对它们的检测方法如下：

（1）按钮开关：在使用前，应检查按钮帽弹性是否正常，动作是否自如，触点接触是否良好可靠。将万用表转换开关打在欧姆挡，在常态时，分别测量常开触点和常闭触点的阻值，应分别为 ∞ 和 0 Ω；当按下按钮开关时，分别测量常开触点和常闭触点的阻值，应分别为 0 Ω 和 ∞。当测量闭合触点时，出现万用表指针摆动，说明触点接触不良，这时应对触点进行清洁处理。

（2）熔断器：在该控制系统中采用螺旋式熔断器，该熔断器的熔芯的上盖中心装有红色熔断指示器，一旦熔丝熔断，指示器即从熔芯上盖中脱出，并可从瓷盖上的玻璃窗口直接发现，以便拆换熔芯。对这种熔断器的检查主要是检查熔丝是否熔断、熔芯与接线端是否接触良好。将万用表转换开关打在欧姆挡，红黑表笔分别接触螺旋式熔断器的上接线端和下接线端，此时阻值应为 0 Ω。

（3）交流接触器：三相交流接触器主要由线圈、主触头和辅助触头构成。在检查时主要检查线圈的额定电压及是否损坏，触头接触是否接触良好。线圈电压为交流 220 V，线圈电阻为 550 Ω 左右；将万用表转换开关打在欧姆挡，红黑表笔分别接触主触点接线端，借助工具按下触头系统，此时阻值应为 0 Ω。

（4）热继电器：热继电器主要由热元件、触头、动作机构、复位按钮和整定电流调节装置等组成。在检查时主要检查热元件是否完好，触头接触是否良好，整定电流是否调整合适。将万用表转换开关打在欧姆挡，红黑表笔分别接触热元件的两个接线端，此时阻值应为 1 Ω 左右；红黑表笔分别接触常闭触头的两个接线端，阻值应为 0 Ω，如果为 ∞，按下复位按钮后再测量其阻值，如还为 ∞，则说明触头已坏，应换热继电器；热继电器上的整定电流调节旋钮指示值应为电动机额定电流的 1.2 倍，如果不是，应重新调整。

（5）三相交流异步电动机：对三相交流异步电动机的应检查的项目为：检查电动机的转子是否转动灵活；检查电动机绕组绝缘电阻，对额定电压在 380 V 及以下的电动机，用 500 V 以上的兆欧表检查三相定子绕组对机壳绝缘电阻和相间绝缘电阻，其电阻值不应小于 0.5 MΩ，如果绝缘电阻偏低，应进行烘烤后再测。

（6）PLC：对 PLC 的检查项目为：输入端常态时，测量所用输入点 X 与公共端子 COM 之间的阻值应为 ∞；输出端常态时，测量所用输入点 Y 与公共端子 COM 之间的阻值应为∞。

表 2-4　万用表的检测过程

| 序号 | 检测任务 | | | 正确阻值 | 测量阻值 | 备注 |
|---|---|---|---|---|---|---|
| 1 | 按钮开关 | 常态时 | 常闭触点 | 0 | | |
| | | | 常开触点 | ∞ | | |
| | | 按下按钮开关 | 常闭触点 | ∞ | | |
| | | | 常开触点 | 0 | | |
| 2 | PLC | 输入：常态时，测量所用输入点 X 与公共端子 COM 之间的阻值 | | ∞ | | |
| | | 输出：常态时，测量所用输入点 Y 与公共端子 COM 之间的阻值 | | ∞ | | |
| 3 | 熔断器 | 测量熔管的阻值 | | 0 | | |
| 4 | 交流接触器 | 测量线圈阻值 | | 550 Ω 左右 | | |
| | | 用工具按下触点，测量触点阻值 | | 0 | | |
| 5 | 热继电器 | 测量热元件阻值 | | | | |
| | | 测量触点阻值 | | | | |
| 6 | 三相交流异步电动机 | 测量绕组对机壳绝缘电阻 | | ≥0.5 MΩ | | |
| | | 测量绕组间绝缘电阻 | | ≥0.5 MΩ | | |

将对元器件的检查填入表 2-5 中。

表 2-5　电路组成及元件功能

| 序号 | 电路名称 | | 电路组成 | 元件功能 | 备注 |
|---|---|---|---|---|---|
| 1 | 电源电路 | | FU | 作电源短路保护用 | |
| 2 | | | | | |
| 4 | 控制电路 | PLC 输入电路 | SB1 | 系统停止（点动） | |
| 5 | | | SB2 | 系统启动 | |
| 6 | | | SA | 手动开关 | |
| | | | FR | 电机过载保护 | |
| 7 | | PLC 输出电路 | KM1 | 控制电机 | |
| 8 | | | | | |

2）固定元器件

按照绘制的接线图，参考图 2-39 固定元件。

3）连接导线

根据系统图先对连接导线用号码管进行编号，再根据接线图用已编号的导线进行连线。注意在连线时，可用软线应对导线线头进行绞紧处理。

4）检查电路连接

线路连接好后，再对照系统图或安装图认真检查线路是否连接正确，然后再用万用表欧姆挡测试电源输入端和负载输出端是否有短路现象。

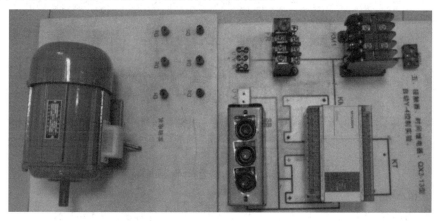

图 2-39　三相电机点动、长动控制系统安装板

## 2.6.4　输入梯形图

启动 FXGP/WIN - C 编程软件，输入梯形图 2-38。

（1）启动 SWOPC - FXGP/WIN - C 编程软件。

鼠标左键双击桌面快捷图标便可启动程序，如图 2-40 所示。

图 2-40　软件启动方法

（2）创建新文件，选择 PLC 的类型为 FX$_{2N}$。

打开 FXGP 编程软件后如图 2-41 所示，选中 File\New，或点击常用工具栏 出现如图 2-42 所示的画面，先在"PLC type setting"中选出你所使用的主机的 CPU 系列，这里选 FX$_{2N}$。

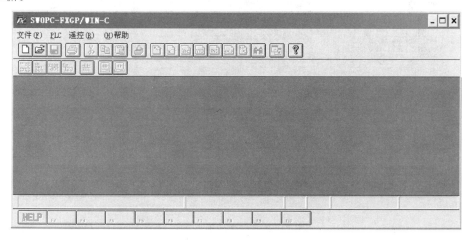

图 2-41　软件启动后

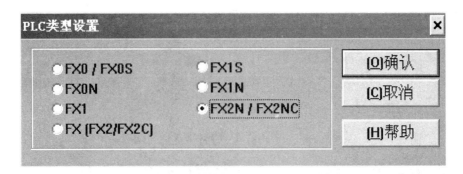

图 2-42　类型选择对话框

（3）编辑梯形图。

按照前面所学的方法输入元件。输入梯形图后的界面如图 2-43 所示。

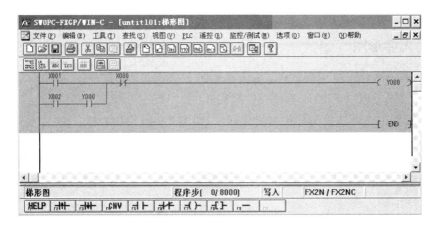

图 2-43　输入梯形图后

（4）转换。

程序的转换方法如图 2-44 所示，程序转换之后如图 2-45 所示。

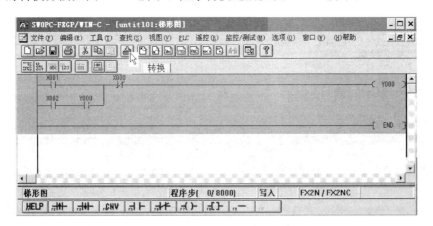

图 2-44　程序转换的方法

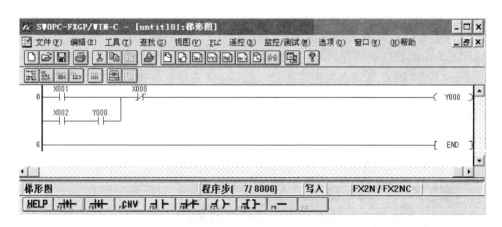

图 2-45　程序转换

（5）写入程序。

① 设置通讯口参数。

在 FXGP 中将程序编辑完成后和 PLC 通讯前，应设置通讯口的参数。如果只是编辑程序，不和 PLC 通讯，可以不做此步。

设置通讯口参数，分两个步骤：

第一步 PLC 串行口设置：点击菜单"PLC"的子菜单"串行口设置（D8120）[e]"，弹出下列对话框，如图 2-46 所示。

检查是否一致，如果不对，马上修正完点击"确认"返回菜单做下一步。（注：串行口设置一般已由厂方设置完成。）

第二步 PLC 的端口设置：点击菜单"PLC"的子菜单"端口设置[e]"弹出下列对话框，如图 2-47 所示。

图 2-46　串口设置

图 2-47　端口设置

根据 PLC 与 PC 连接的端口号，选择 COM1～COM4 中的一个，完成并点击"确认"返回菜单。（注：PLC 的端口设置也可以在编程前进行。）

② 设置方式开关。

在 FX$_{2N}$-48MR 的左下角的通信接口旁边有一个方式开关，它用来设置 PLC 的工作方式，将它打在上方时，PLC 处于 RUN 工作方式，这时 PLC 运行内部程序；将它打在下方时，PLC 处于 STOP 工作方式，这时 PLC 可与计算机进行通信。我们要将编写好的程序写入 PLC，这时必须将方式开关打在下方。

③ FXGP 与 PLC 之间的程序传送。

在 FXGP 中把程序编辑好之后，要把程序下传到 PLC 中去。程序只有在 PLC 中才能运行，在 FXGP 和 PLC 之间进行程序传送之前，应该先用电缆连接好 PC-FXGP 和 PLC，同时打开 PLC 电源。

若 FXGP 中的程序用指令表编辑即可直接传送，如果用梯形图编辑的则要求转换成指令表才能传送，因为 PLC 只识别指令。

将程序写入 PLC：点击菜单"PLC"的二级子菜单"传送"→"写出"，如图 2-48 所示。

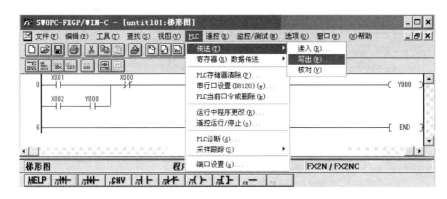

图 2-48　程序写入 PLC 的方法

这时将弹出"PLC 程序写入"对话框，选择"范围设置"，设置"终止步"的数字和状态栏的"程序步"数字相同或大于程序步数，具体设置如图 2-49 所示。设置完成后，单击"确认"按钮，进行程序传送。

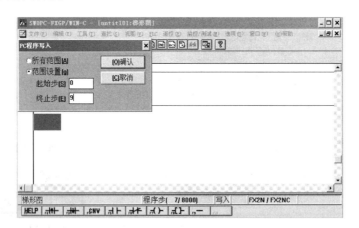

图 2-49　程序步的设置

## 2.6.5　通电调试、监控系统

### 1. 运行程序

首先将方式开关打在上方，使 PLC 处于 RUN 工作状态，这时可看到 FX$_{2N}$ 面板上的 RUN 指示灯点亮。然后当按下电动机启动控制按钮 X001 时，输出线圈 Y0 得电，当松开

X001 时，输出线圈 Y0 失电，从而实现电动机的点动控制。当拨动手动开关 X002 的情况下，再按下电动机启动按钮 X001 时，输出线圈 Y0 得电，同时实现自锁。再次松开 X001 时，输出线圈 Y0 依然保持接通状态，从而实现电动机的长动控制。

**2. 监控**

打开监控：在工具栏中单击 图标即可打开监控，如图 2-50 所示，打开监控之后的状态如图 2-51 所示。利用"开始监控"可以实时观察程序运行情况。

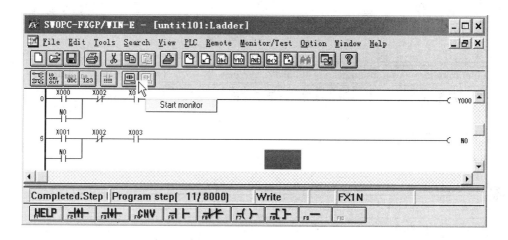

图 2-50　打开监控

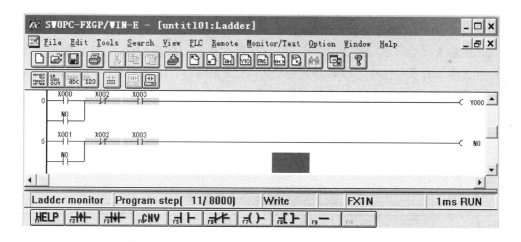

图 2-51　开始监控

停止监控：如果在程序运行时，发现程序有问题，这时要先停止监控后，方能对程序进行修改，停止监控的方法如图 2-52 所示。

**3. 调试**

当程序写入 PLC 后，按照设计要求可用 FXGP 来调试 PLC 程序。如果有问题，可以通过 FXGP 提供的调试工具来确定问题所在。

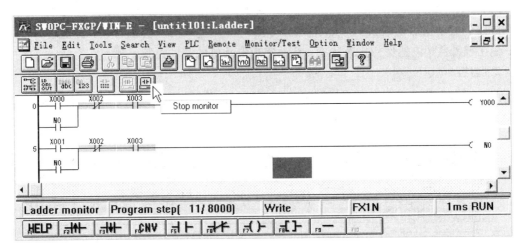

图 2 - 52　停止监控

**4. 运行结果分析**

结果分析参考表 2 - 6。

表 2 - 6　结 果 分 析

| 操作步骤 | 操作内容 | 负载 | 观 察 结 果 | 正确结果 |
|---|---|---|---|---|
| 1 | 按下 SB₁ | | | 长动 |
| 2 | 按下 SB₂ | 三相异步电动机 | | 停止 |
| 3 | 按下 SB₂ | | | 点动 |

启动时，合上开关 QS，引入三相电源。对刀时，断开开关 SA，按下按钮 SB2，KM 线圈得电，主触头闭合，电动机 M 接通电源直接启动运行；松开 SB2，KM 线圈断电释放，KM 常开主触头释放，三相电源断开，电动机 M 停止运行，从而实现对刀；对刀结束后，闭合开关 SA，再按下按钮 SB2，KM 线圈得电，主触头闭合，电动机 M 接通电源，实现连续运行，按下按钮 SB1，KM 线圈断电释放，KM 常开主触头释放，三相电源断开，电动机 M 停止运行，加工完成。

**5. 学习指令**

表 2 - 7 为系统指令表。

表 2 - 7　系统指令表功能

| 程序步 | 指令 | 元件号 | 程序步 | 指令 | 元件号 |
|---|---|---|---|---|---|
| 0 | LD | X001 | 6 | END | |
| 1 | LD | X002 | 7 | | |
| 2 | AND | Y000 | 8 | | |
| 3 | ORB | | 9 | | |
| 4 | ANI | X000 | 10 | | |
| 5 | OUT | Y000 | | | |

**四、质量评价标准**

项目质量考核要求及评分标准见表 2 - 8。

表 2 - 8 质量评价表

| 考核项目 | 考核要求 | 配分 | 评分标准 | 扣分 | 得分 | 备注 |
|---|---|---|---|---|---|---|
| 系统安装 | (1) 能够正确选择元器件;<br>(2) 能够按照接线图布置元器件;<br>(3) 能够正确固定元器件;<br>(4) 能够按照要求编制线号 | 30 | (1) 不按接线图固定元器件扣 5 分;<br>(2) 元器件安装不牢固,每处扣 2 分;<br>(3) 元器件安装不整齐、不均匀、不合理,每处扣 3 分;<br>(4) 不按要求配线号,每处扣 1 分;<br>(5) 损坏元器件此项不得分 | | | |
| 编程操作 | (1) 能够建立程序新文件;<br>(2) 能够正确设置各种参数;<br>(3) 能够正确保存文件 | 40 | (1) 不能建立程序新文件或建立错误扣 4 分;<br>(2) 不能设置各项参数,每处扣 2 分;<br>(3) 保存文件错误扣 5 分 | | | |
| 运行操作 | (1) 操作运行系统,分析运行结果;<br>(2) 能够在运行中监控和切换各种参数;<br>(3) 能够正确分析运行中出现的各种代码 | 30 | (1) 系统通电操作错误一步扣 3 分;<br>(2) 分析运行结果错误一处扣 2 分;<br>(3) 不会监控扣 10 分;<br>(4) 不会分析各种代码的含义,每处扣 2 分 | | | |
| 安全生产 | 自觉遵守安全文明生产规程 | | (1) 每违反一项规定,扣 3 分;<br>(2) 发生安全事故,0 分处理;<br>(3) 漏接接地线一处扣 5 分 | | | |
| 时间 | 3 小时 | | 提前正确完成,每 5 分钟加 2 分<br>超过定额时间,每 5 分钟扣 2 分 | | | |
| 开始时间: | | 结束时间: | | 实际时间: | | |

**五、知识拓展**

**1. GX - Developer 编程软件的使用**

双击桌面上的"GX - Developer"图标,即可启动 GX - Developer,其界面如图 2 - 53

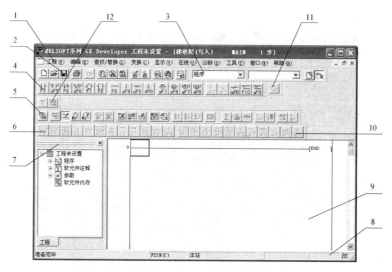

图 2 - 53 GX - Developer 编程软件操作界面图

所示。GX-Developer 的界面由项目标题栏、下拉菜单、快捷工具栏、编辑窗口、管理窗口等部分组成。在调试模式下，可打开远程运行窗口，数据监视窗口等。

表 2-9 为 GX-Develop 编程软件的操作界面说明。

表 2-9　操作界面说明

| 序号 | 名称 | 内　容 |
|---|---|---|
| 1 | 下拉菜单 | 包含工程、编辑、查找/替换、交换、显示、在线、诊断、工具、窗口、帮助，共 10 个菜单 |
| 2 | 标准工具条 | 由工程菜单、编辑菜单、查找/替换菜单、在线菜单、工具菜单中常用的功能组成。 |
| 3 | 数据切换工具条 | 可在程序菜单、参数、注释、编程元件内存这四个项目中切换 |
| 4 | 梯形图标记工具条 | 包含梯形图编辑所需要使用的常开触点、常闭触点、应用指令等内容 |
| 5 | 程序工具条 | 可进行梯形图模式，指令表模式的转换；进行读出模式，写入模式，监视模式，监视写入模式的转换 |
| 6 | SFC 工具条 | 可对 SFC 程序进行块变换、块信息设置、排序、块监视操作 |
| 7 | 工程参数列表 | 显示程序、编程元件注释、参数、编程元件内存等内容，可实现这些项目的数据的设定 |
| 8 | 状态栏 | 提示当前的操作：显示 PLC 类型以及当前操作状态等 |
| 9 | 操作编辑区 | 完成程序的编辑、修改、监控等的区域 |
| 10 | SFC 符号工具条 | 包含 SFC 程序编辑所需要使用的步、块启动步、选择合并、平行等功能键 |
| 11 | 编程元件内存工具条 | 进行编程元件的内存的设置 |
| 12 | 注释工具条 | 可进行注释范围设置或对公共/各程序的注释进行设置 |

**2. 工程的创建和调试范例**

1）系统的启动与退出

要想启动 GX-Developer，可用鼠标双击桌面上的图标。图 2-54 为打开的 GX-Developer 窗口。

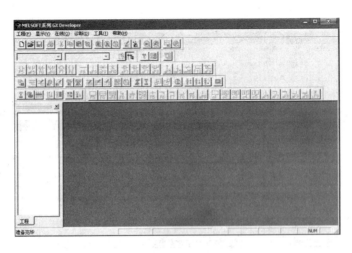

图 2-54　打开的 GX-Developer 窗口

以鼠标选取"工程"菜单下的"关闭"命令，即可退出 GX – Developer 系统。

2）文件的管理

（1）创建新工程。选择"工程"→"创建新工程"菜单项，或者按［Ctrl］＋［N］键操作，在出现的创建新工程对话框中选择 PLC 类型，如选择 FX$_{2N}$ 系列 PLC 后，单击"确定"，如图 2 – 55 所示。

图 2 – 55　创建新工程对话框

（2）打开工程。打开一个已有工程，选择"工程"→"打开工程"菜单或按"Ctrl"＋"O"键，在出现的打开工程对话框中选择已有工程，单击"打开"，如图 2 – 56 所示。

图 2 – 56　打开工程对话框

（3）文件的保存和关闭。保存当前 PLC 程序，注释数据以及其他在同一文件名下的数据。操作方法是：执行"工程"→"保存工程"菜单操作或按"Ctrl"＋"S"键操作即可。将已处于打开状态的 PLC 程序关闭，操作方法是执行"工程"－"关闭工程"菜单操作即可。

3）编程操作

（1）输入梯形图。使用"梯形图标记"工具条（见图 2-57）或通过执行"编辑"菜单→"梯形图标记"（见图 2-58），将已编好的程序输入到计算机。

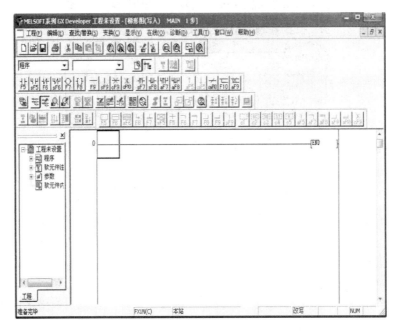

图 2-57　输入梯形图

图 2-58　编辑操作

（2）编辑操作。通过执行"编辑"菜单栏中的指令，对输入的程序进行修改和检查，如图 2-59 所示。

（3）梯形图的转换及保存操作。编辑好的程序先通过执行"变换"菜单→"变换"操作或按 F4 键变换后，才能保存。如图 2-59 所示。在变换过程中显示梯形图变换信息，如果在不完成变换的情况下关闭梯形图窗口，新创建的梯形图将不被保存。

图 2-59　变换操作

4）程序调试及运行

（1）程序的检查。

执行"诊断"菜单→"诊断"命令，进行程序检查，如图 2-60 所示。

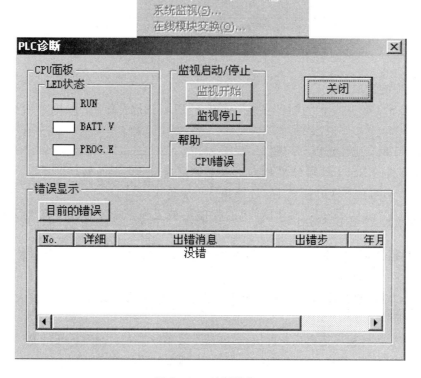

图 2-60　诊断操作

（2）程序的写入。

PLC 在 STOP 模式下，执行"在线"菜单→"PLC 写入"命令，出现"PLC 写入"对话框，如图 2-61 所示，选择"参数＋程序"，再按"执行"，完成将程序写入 PLC。

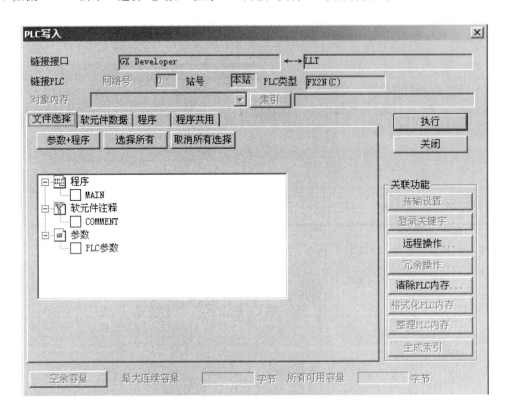

图 2-61　程序的写入操作

（3）程序的读取。

PLC 在 STOP 模式下，执行"在线"菜单→"PLC 读取"命令，将 PLC 中的程序发送到计算机中。

传送程序时，应注意以下问题：

① 计算机的 RS232C 端口及 PLC 之间必须用指定的缆线及转换器连接；

② PLC 必须在 STOP 模式下，才能执行程序传送；

③ 执行完"PLC 写入"后，PLC 中的程序将被丢失，原有的程序将被读入的程序所替代；

④ 在"PLC 读取"时，程序必须在 RAM 或 EE-PROM 内存保护关断的情况下读取。

（4）程序的运行及监控。

① 运行。执行"在线"菜单→"远程操作"命令，将 PLC 设为 RUN 模式，程序运行，如图 2-62 所示。

② 监控。执行程序运行后，再执行"在线"菜单→"监视"命令，可对 PLC 的运行过程进行监控。结合控制程序，操作有关输入信号，观察输出状态，如图 2-63 所示。

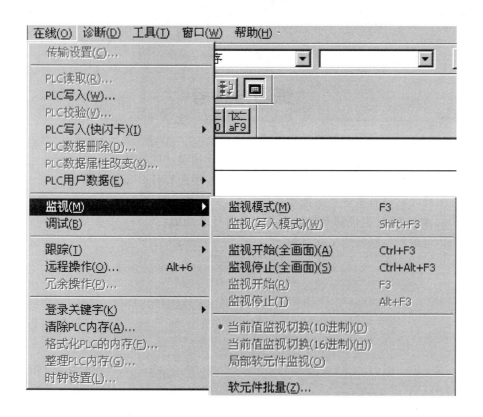

图 2-62　运行操作

图 2-63　监控操作

（5）程序的调试。

程序运行过程中出现的错误有两种：

① 一般错误：运行的结果与设计的要求不一致，需要修改程序先执行"在线"菜单→"远程操作"命令，将 PLC 设为 STOP 模式，再执行"编辑"菜单→"写模式"命令，再从上面第 3)点开始执行(输入正确的程序)，直到程序正确。

② 致命错误：PLC 停止运行，PLC 上的 ERROR 指示灯亮，需要修改程序先执行"在线"菜单→"清除 PLC 内存"命令，见图 2-64 所示。将 PLC 内的错误程序全部清除后，再从上面第 2)点开始执行(输入正确的程序)，直到程序正确。

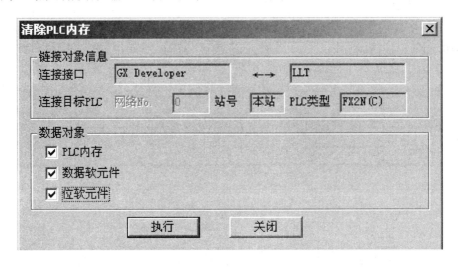

图 2-64　清除 PLC 内存操作

# 练习与思考

1. 可编程控制器有哪几部分组成？各部分的作用及功能是什么？
2. 可编程控制器的工作方式是什么？它的工作过程有什么显著特点？
3. 可编程控制器有哪些基本性能指标？
4. $FX_{2N}$ 系列 PLC 提供哪几种继电器？各有什么功能？
5. 简述可编程控制器的工作过程。

# 模块三　PLC 基本指令

## 一、学习目标

(1) 熟悉 PLC 的编程语言。

(2) 掌握 PLC 的基本逻辑指令。

(3) 掌握梯形图的特点和设计规则。

(4) 熟悉 PLC 的外部结构和外部接线方法。

(5) 运用所学指令完成电动机控制的程序设计及调试。

## 二、学习任务

### 1. 本模块的基本任务

(1) 能建立简单电气图与 PLC 梯形图程序之间的联系。

(2) 能分析简单控制系统的工作过程。

(3) 能绘制简单 PLC 控制系统接线图。

(4) 能使用 PLC 编程软件完成程序的输入、调试。

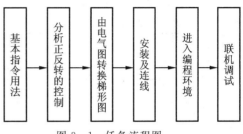

图 3-1　任务流程图

### 2. 任务流程图

本模块的任务流程图见图 3-1。

## 三、环境设备

学习本模块所需工具、设备见表 3-1。

表 3-1　工具、设备清单

| 序号 | 分类 | 名称 | 型号规格 | 数量 | 单位 | 备注 |
|---|---|---|---|---|---|---|
| 1 | 工具 | 常用电工工具 | | 1 | 套 | |
| 2 | | 万用表 | MF47 | 1 | 只 | |
| 3 | 设备 | PLC | $FX_{2N}-48MR$ | 1 | 只 | |
| 4 | | 接触器 | | 2 | 只 | |

# 3.1　基本指令

## 3.1.1　LD、OUT、END、ANI、OR、SET、RST

### 1. 指令功能

(1) LD(取指令)：逻辑运算开始指令，用于与左母线连接的常开触点。

(2) OUT(输出指令)：驱动线圈的输出指令，将运算结果输出到指定的继电器。

(3) END(结束指令)：程序结束指令，表示程序结束，返回起始地址。

(4) ANI(与非指令)：常闭触点串联指令，把指定操作元件中的内容取反，然后和原来保存在操作数里的内容进行逻辑“与”，并将逻辑运算的结果存入操作数。

(5) OR(或指令)：常开触点并联指令，把指定操作元件中的内容和原来保存在操作数里的内容进行逻辑“或”，并将这一逻辑运算的结果存入操作数。

(6) SET(置位指令或称自保持指令)：指令使被操作的目标元件置位(置 1)并保持。

(7) RST(复位指令或称解除指令)：指令使被操作数的目标元件复位(置 0)并保持清零状态。

**2. 编程实例**

LD、OUT、END 指令在编程应用时的梯形图、指令表和时序图如图 3-2 所示。

| 梯形图 | 指令表 | 时序图 |
|---|---|---|
| 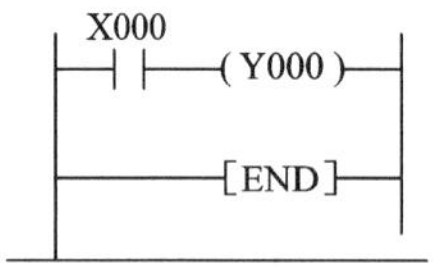 | LD　X000<br>OUT　Y000<br>END | 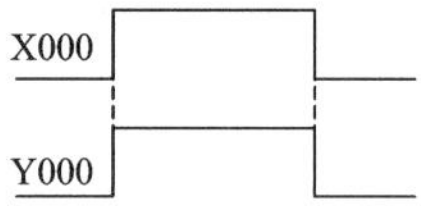 |

图 3-2　梯形图、指令表和时序图

ANI、OR、SET、RST 指令在编程应用时的梯形图、指令表和时序图如图 3-3 所示。

| 梯形图 | 指令表 | 时序图 |
|---|---|---|
| 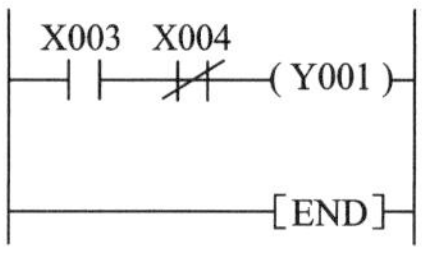 | LD　X003<br>ANI　X004<br>OUT　Y001<br>END | 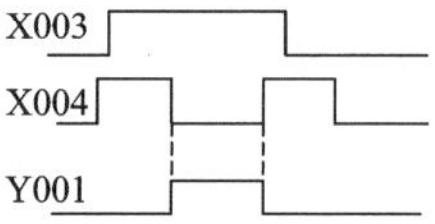 |
| 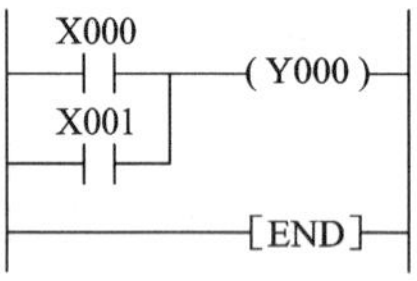 | LD　X000<br>OR　X001<br>OUT　Y000<br>END | 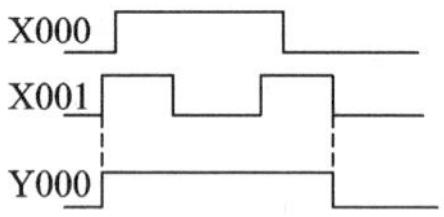 |
| 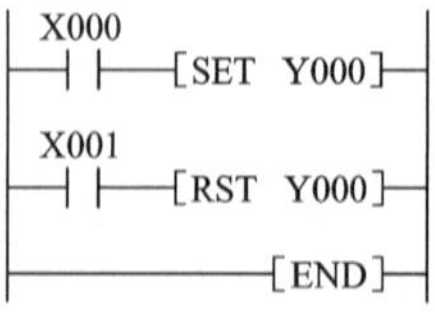 | LD　X000<br>SET　Y000<br>LD　X001<br>RST　Y001<br>END | 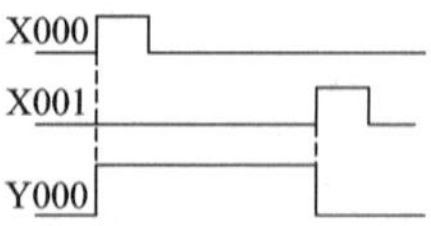 |

图 3-3　梯形图、指令表和时序图

**3. 指令使用说明**

LD 指令将指定操作元件中的内容取出并送入操作数。

OUT 指令在使用时不能直接从左母线输出(应用步进指令控制除外);不能串联使用,在梯形图中位于逻辑行末紧靠右母线;可以连续使用,相当于并联输出;如未特别设置(输出线圈使用设置),则 OUT 指令在程序中同名输出继电器的线圈只能使用一次。

在程序中写入 END 指令,将强制结束当前的扫描执行过程,即 END 以后的程序步不再扫描,而是直接进行输出处理。调试时,可将程序分段后插入 END 指令,从而依次对各程序段的运算进行检查。

ANI 指令是指单个触点串联连接的指令,串联次数没有限制,可反复使用。

OR 指令是指单个触点并联使用的指令,并联次数没有限制,可反复使用。

对同一操作元件,SET、RST 指令可以多次使用,且不限制使用顺序,但最后执行者有效。

## 3.1.2　AND、ANDP、ANDF、ORI、ORP、ORF

**1. 指令功能**

(1) AND(与指令):常开触点串联指令,把指定操作元件中的内容和原来保存在操作器里的内容进行逻辑"与",并将逻辑运算的结果存入操作器。

(2) ANDP(上升沿与指令):上升沿检测串联连接指令,仅在指定操作元件的上升沿(OFF→ON)时接通 1 个扫描周期。

(3) ANDF(下降沿与指令):下降沿检测串联连接指令,仅在指定操作元件的下降沿(ON→OFF)时接通 1 个扫描周期。

(4) ORI(或非指令):常闭触点并联指令,把指定操作元件中的内容取反,然后和原来保存在操作器里的内容进行逻辑"或",并将运算结果存入操作器。

(5) ORP(上升沿或指令):上升沿检测并联连接指令,仅在指定操作元件的上升沿(OFF→ON)时接通 1 个扫描周期。

(6) ORF(下降沿或指令):下降沿检测并联连接指令,仅在指定操作元件的下降沿(ON→OFF)时接通 1 个扫描周期。

**2. 编程实例**

AND、ANDP、ANDF、ORI、ORP、ORF 指令在编程应用时的梯形图、指令表和时序图如图 3 - 4 所示。

**3. 指令使用说明**

AND、ANDP、ANDF 指令都是指单个触点串联连接的指令,串联次数没有限制,可反复使用。

ORI、ORP、ORF 指令都是指单个触点并联连接的指令,并联次数没有限制,可反复使用。

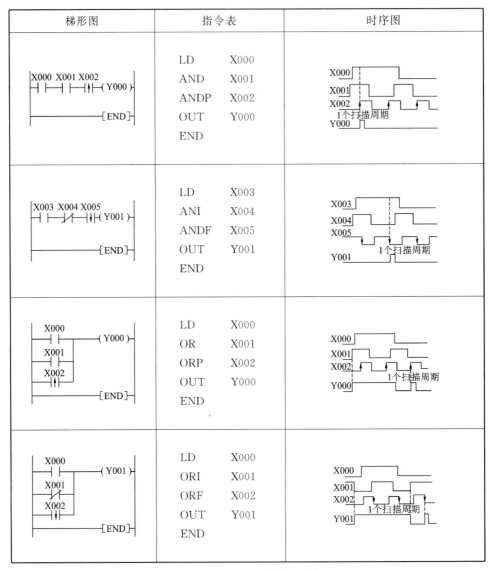

图 3 - 4　梯形图、指令表和时序图

### 3.1.3　ORB、ANB、MPS、MRD、MPP

**1. 指令功能**

(1) ORB(块或指令)：两个或两个以上的触点串联电路之间的并联。

(2) ANB(块与指令)：两个或两个以上的触点并联电路之间的串联。

(3) MPS(进栈指令)：将运算结果(数据)压入栈存储器的第一层(栈顶)，同时将先前送入的数据依次移动到栈的下一层。

(4) MRD(读栈指令)：将栈存储器的第一层内容读出且该数据继续保存在栈存储器的第一层，栈内的数据不发生移动。

(5) MPP(出栈指令)：将栈存储器中的第一层内容弹出且该数据从栈中消失，同时将栈中其他数据依次上移。

## 2. 编程实例

（1）ORB 指令和 ANB 指令编程应用时的梯形图、指令表如图 3-5 所示。

| 梯形图 | 指令表（一） | | 指令表（二） | |
|---|---|---|---|---|
| | LD | M0 | LD | M0 |
| | AND | M1 | AND | M1 |
| | LD | M1 | LD | M1 |
| | AND | M2 | AND | M2 |
| | ORB | | LD | M2 |
| | LD | M2 | AND | M0 |
| | AND | M0 | ORB | |
| | ORB | | ORB | |
| | OUT | Y001 | OUT | Y001 |
| | LD | M0 | LD | M0 |
| | OR | M1 | OR | M1 |
| | LD | M1 | LD | M1 |
| | OR | M2 | OR | M2 |
| | ORB | | LD | M0 |
| | LD | M0 | OR | M2 |
| | OR | M2 | ORB | |
| | ORB | | ORB | |
| | OUT | Y001 | OUT | Y001 |
| | LD | X000 | | |
| | OR | X002 | | |
| | LDP | X001 | 分支的起点 | |
| | OR | X003 | | |
| | ANB | | 与前面的电路块串联连接 | |
| | LD | X004 分支的起点 | | |
| | ANI | X005 | | |
| | ORB | | 与前面的电路块并联连接 | |
| | LDI | X006 | 分支的起点 | |
| | AND | X007 | | |
| | ORB | | 与前面的电路块并联连接 | |
| | OUT | Y001 | | |

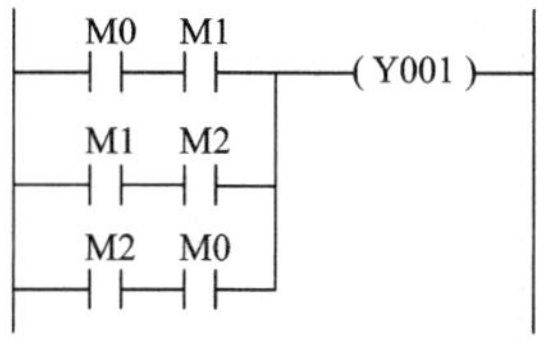

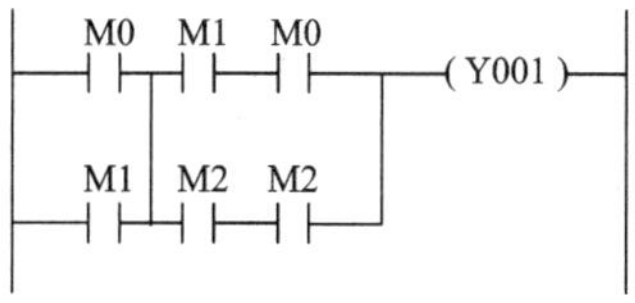

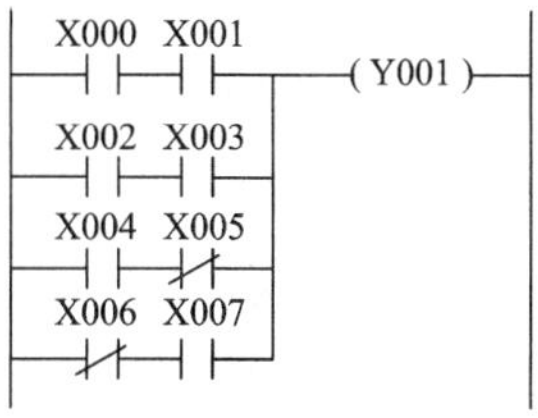

图 3-5　ORB 指令和 ANB 指令编程应用时的梯形图、指令表

（2）MPS、MRD、MPP（入栈、读栈和出栈）指令的编程实例。栈操作指令用于多重输出的梯形图中，如图 3-6 所示。在编程时，需要将中间运算结果存储时，就可以通过栈操作指令来实现。FX$_{2N}$提供了 11 个存储中间运算结果的栈存储器。使用一次 MPS 指令，当时的逻辑运算结果压入栈的第一层，栈中原来的数据依次向下一层推移；当使用 MRD 指令时，栈内的数据不会变化（即不上移或下移），而是将栈的最上层数据读出；当执行 MPP 指令时，将栈的最上层数据读出，同时该数据从栈中消失，而栈中其他层的数据向上移动一层，因此也称为弹栈。

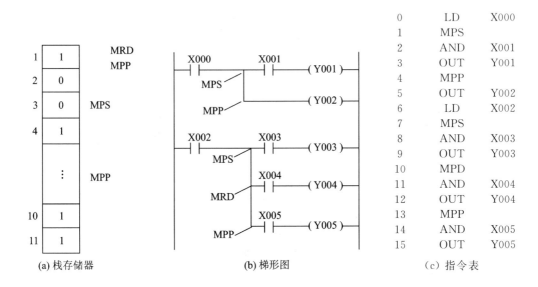

| | | |
|---|---|---|
| 0 | LD | X000 |
| 1 | MPS | |
| 2 | AND | X001 |
| 3 | OUT | Y001 |
| 4 | MPP | |
| 5 | OUT | Y002 |
| 6 | LD | X002 |
| 7 | MPS | |
| 8 | AND | X003 |
| 9 | OUT | Y003 |
| 10 | MPD | |
| 11 | AND | X004 |
| 12 | OUT | Y004 |
| 13 | MPP | |
| 14 | AND | X005 |
| 15 | OUT | Y005 |

(a) 栈存储器　　　　　　　　(b) 梯形图　　　　　　　　（c）指令表

图 3-6　栈存储器和多重输出程序

以下给出几个堆栈的实例。

**例 3.1**　一层堆栈编程，如图 3-7 所示。

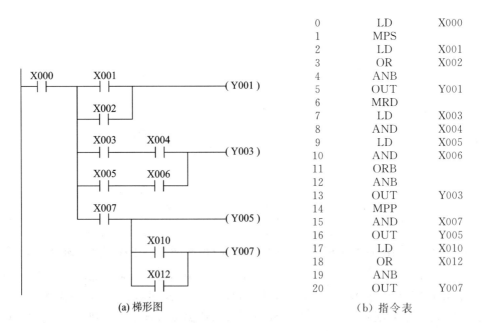

| | | |
|---|---|---|
| 0 | LD | X000 |
| 1 | MPS | |
| 2 | LD | X001 |
| 3 | OR | X002 |
| 4 | ANB | |
| 5 | OUT | Y001 |
| 6 | MRD | |
| 7 | LD | X003 |
| 8 | AND | X004 |
| 9 | LD | X005 |
| 10 | AND | X006 |
| 11 | ORB | |
| 12 | ANB | |
| 13 | OUT | Y003 |
| 14 | MPP | |
| 15 | AND | X007 |
| 16 | OUT | Y005 |
| 17 | LD | X010 |
| 18 | OR | X012 |
| 19 | ANB | |
| 20 | OUT | Y007 |

(a) 梯形图　　　　　　　　（b）指令表

图 3-7　二次堆栈编程

**例 3.2**　二层堆栈编程，如图 3-8 所示。

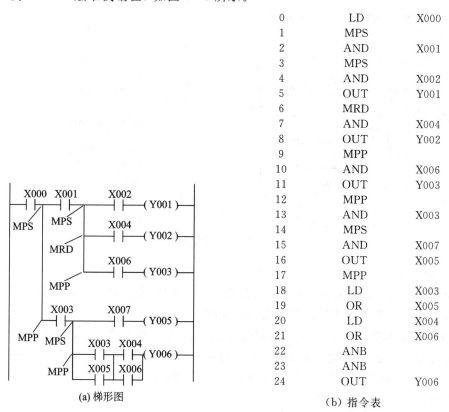

| 0 | LD | X000 |
|---|---|---|
| 1 | MPS | |
| 2 | AND | X001 |
| 3 | MPS | |
| 4 | AND | X002 |
| 5 | OUT | Y001 |
| 6 | MRD | |
| 7 | AND | X004 |
| 8 | OUT | Y002 |
| 9 | MPP | |
| 10 | AND | X006 |
| 11 | OUT | Y003 |
| 12 | MPP | |
| 13 | AND | X003 |
| 14 | MPS | |
| 15 | AND | X007 |
| 16 | OUT | X005 |
| 17 | MPP | |
| 18 | LD | X003 |
| 19 | OR | X005 |
| 20 | LD | X004 |
| 21 | OR | X006 |
| 22 | ANB | |
| 23 | ANB | |
| 24 | OUT | Y006 |

(a) 梯形图　　　　(b) 指令表

图 3-8　二层堆栈编程

**例 3.3**　四层堆栈编程，如图 3-9 所示。

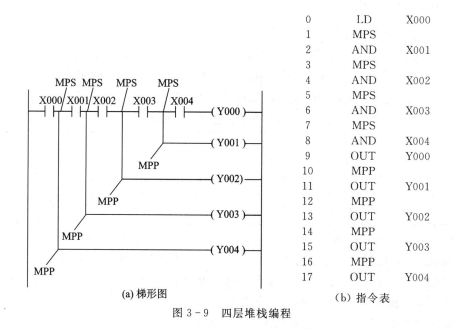

| 0 | LD | X000 |
|---|---|---|
| 1 | MPS | |
| 2 | AND | X001 |
| 3 | MPS | |
| 4 | AND | X002 |
| 5 | MPS | |
| 6 | AND | X003 |
| 7 | MPS | |
| 8 | AND | X004 |
| 9 | OUT | Y000 |
| 10 | MPP | |
| 11 | OUT | Y001 |
| 12 | MPP | |
| 13 | OUT | Y002 |
| 14 | MPP | |
| 15 | OUT | Y003 |
| 16 | MPP | |
| 17 | OUT | Y004 |

(a) 梯形图　　　　（b) 指令表

图 3-9　四层堆栈编程

图 3-5 所示的梯形图也可以通过适当的变换不使用栈操作指令，从而简化指令表。变换后的梯形图和指令表如图 3-10 所示。

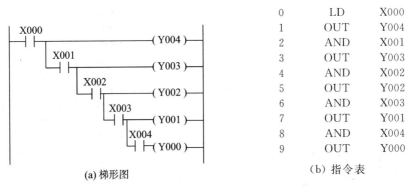

| 0 | LD | X000 |
| 1 | OUT | Y004 |
| 2 | AND | X001 |
| 3 | OUT | Y003 |
| 4 | AND | X002 |
| 5 | OUT | Y002 |
| 6 | AND | X003 |
| 7 | OUT | Y001 |
| 8 | AND | X004 |
| 9 | OUT | Y000 |

(a) 梯形图　　　　　　　　　　　　（b）指令表

图 3-10　四层堆栈简化后编程

**3. 指令使用说明**

几个串联电路块并联连接或几个并联电路块串联连接时，每个串联电路块或并联电路块的开始应该用 LD、LDI、LDP 或 LDF 指令，如图 3-10 所示。

ORB 指令和 ANB 指令均为不带操作元件的指令，可以连续使用，但使用次数不超过 8 次。

MPS 指令用于分支的开始处；MRD 指令用于分支的中间段；MPP 指令用于分支的结束处。MPS 指令、MRD 指令及 MPP 指令均为不带操作元件的指令，其中 MPS 指令和 MPP 指令必须配对使用。

由于 FX$_{2N}$ 只提供了 11 个栈存储器，因此 MPS 指令和 MPP 指令连续使用的次数不得超过 11 次。

## 3.1.4　其他基本指令

**1. 主控/主控复位指令(MC/MCR)**

在编程过程中，经常会遇到多个线圈受一个或一组触点控制的情况。如果在每个线圈的控制电路中都写入同样的触点，编程则比较麻烦，并且多占用存储单元，可以用主控指令解决这个问题。主控/主控复位指令的助记符、功能和可用软元件见表 3-2。

表 3-2　主控/主控复位指令

| 助记符 | 名称 | 功　能 | 可用软元件 |
|---|---|---|---|
| MC | 主控指令 | 公共串联触点连接 | Y、M(不允许使用特 |
| MCR | 主控复位指令 | 公共串联触点接触 | 殊辅助继电器) |

应用主控指令的触点称为主控触点，它在梯形图中与一般触点垂直。它们是与母线相连的常用触点，是控制一组电路的总开关。与主控触点相连的触点必须用 LD/LDI 指令。使用 MC 指令后，母线向主控触点后移动，MCR 指令将返回到原来的位置。当输入条件接通时，执行 MC 和 MCR 之间的指令；当输入条件断开时，不执行 MC 和 MCR 之间的指令。主控/主控复位指令的使用说明如图 3-11 所示。

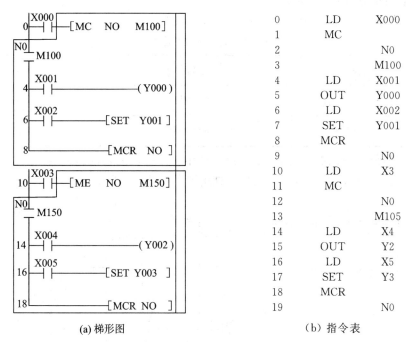

(a) 梯形图　　　　　　　　　　　(b) 指令表

图 3-11　主控/主控复位指令

MC/MCR 指令可以嵌套使用，最多可以嵌套 8 级(N0—N7)。当采用 MC 指令时，嵌套 N 的编号按顺序增大(N0、N1、…、N7)；采用 MCR 指令时，嵌套级 N 按从大的开始消除(N7、N6、…、N0)。主控嵌套指令使用示例如图 3-12 所示。

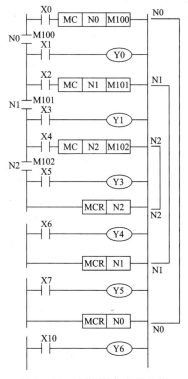

图 3-12　主控嵌套应用示例

### 2. 脉冲输出指令(PLS/PLF)

脉冲输出指令的助记符、功能和可用软元件见表 3-3。

**表 3-3 脉冲输出指令**

| 助记符 | 名称 | 功能 | 可用软元件 |
|--------|------|------|-----------|
| PLS | 上升沿脉冲输出 | 产生上升沿脉冲 | Y、M |
| PLF | 下降沿脉冲输出 | 产生下降沿脉冲 | Y、M |

PLS 指令使操作组件在输入信号上升沿时产生一个扫描周期的脉冲输出,PLF 指令操作组件在输入信号下降沿时产生一个扫描周期的脉冲输出,如图 3-13 所示。

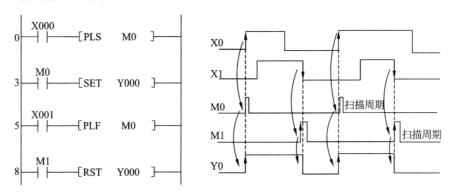

图 3-13 脉冲输出指令(PLS/PLF)

### 3. 取反指令(INV)和空操作(NOP)

INV 指令是将该指令之前的运算结果取反,NOP 指令是该步无操作。取反指令和空操作指令的助记符、功能和可用软元件见表 3-4。

**表 3-4 取反和空操作指令**

| 助记符 | 名称 | 功能 | 可用软元件 |
|--------|------|------|-----------|
| INV | 取反 | 运算结果取反 | 无可用软元件 |
| NOP | 空操作 | 无动作 | 无可用软元件 |

使用 INV 指令编程时,可以在 AND/ANI/ANDP/ANDF 指令位置后编程,也可以在 ORB/ANB 指令回路中编程,但不能像 OR/ORI/ORP/ORF 指令那样单独并联使用,也不能像 LD/LDI/LDP/LDF 那样单独与左母线连接。取反指令使用说明如图 3-14 所示。

在程序中加入空操作指令,在变更程序或增加指令时可以使步序号不变化。用 NOP 指令替换或修改已写入的指令时要注意,如果将某些指令换成 NOP 指令,可能会造成程序出错。

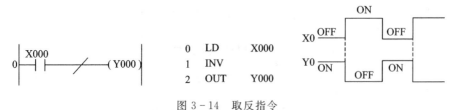

图 3-14 取反指令

**4.程序结束指令(END)**

程序结束指令的助记符、功能和可用软元件见表3-5。

表3-5 程序结束指令

| 助记符 | 名称 | 功能 | 可用软元件 |
|---|---|---|---|
| END | 结束 | 输入输出处理及<br>返回程序开始处 | 无可用软元件 |

PLC按照输入采样、程序执行和输出刷新循环工作。若在程序中不写入END指令，则PLC从用户程序的第一步扫描到最后一步；若在程序中写入END指令，则END指令后的程序步不再被执行，直接进行输出处理。程序结束指令使用说明如图3-15所示。

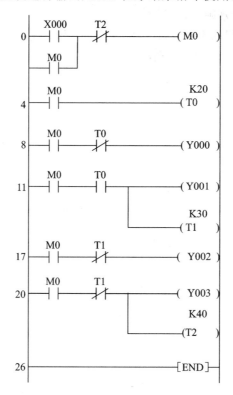

图3-15 程序结束指令

END指令还可以用于程序分段调试。可以在程序中人为地加入几条END指令，将程序进行分段，从前往后分别运行各程序段，若运行无误，则将END指令删除。

# 3.2 梯形图的特点及设计规则

梯形图与继电器控制电路图相近，在结构形式、元件符号及逻辑控制功能等方面是类似的，但梯形图具有自己的特点及设计规则。

**1.梯形图的特点**

(1)梯形图按自上而下、从左到右的顺序排列。每个继电器线圈为一个逻辑行，即一层阶梯。每一逻辑行开始于左母线，然后是触点的连接，最后终止于继电器线圈。母线与线圈之间一定要有触点,而线圈与右母线之间不能有任何触点。

(2) 在梯形图中,每个继电器均为存储器中的一位,称"软继电器"。当存储器状态为"1",表示该继电器线圈得电,其常开触点闭合或常闭触点断开。

(3) 在梯形图中,梯形图两端的母线并非实际电源的两端,而是"概念"电源。"概念"电流只能从左到右流动。

(4) 在梯形图中,某个编号继电器只能出现一次,而继电器触点可无限次引用。如果同一继电器的线圈使用两次,PLC将其视为语法错误,绝对不允许。

(5) 在梯形图中,前面每个继电器线圈为一个逻辑执行结果,立刻被后面逻辑操作利用。

(6) 在梯形图中,除了输入继电器没有线圈,只有触点,其他继电器既有线圈,又有触点。

**2. 梯形图编程的设计规则**

(1) 触点不能接在线圈的右边,如图 3-16(a)所示;线圈也不能直接与左母线相连,必须要通过触点连接,如图 3-16(b)所示。

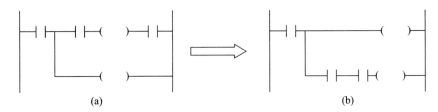

(a)　　　　　　　　　　　　　　(b)

图 3-16　规则(1)说明

(2) 在每一个逻辑行上,当几条支路并联时,串联触点多的应该安排在上,如图 3-17(a)所示;几条支路串联时,并联触点多的应该安排在左边,如图 3-17(b)所示。这样,可以减少编程指令。

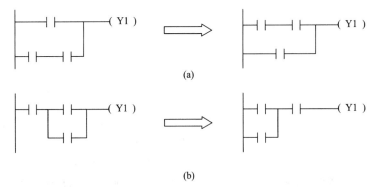

(a)

(b)

图 3-17　规则(2)说明

(3) 梯形图中的触点应画在水平支路上,不应画在垂直支路上,如图 3-18 所示。

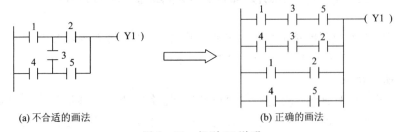

(a) 不合适的画法　　　　　　　　　(b) 正确的画法

图 3-18　规则(3)说明

（4）双线圈输出不可用。如果在同一程序中同一元件的线圈使用两次或多次，则称为双线圈输出。这时前面的输出无效，只有最后一次有效，如图3-19所示。一般不应出现双线圈输出。

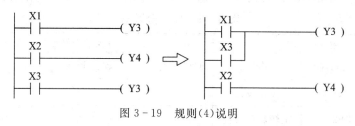

图3-19　规则（4）说明

# 3.3　项目应用

### 1. 项目任务

在生产实践中，往往要求控制线路能对电动机进行正反转控制，如工作台的前进与后退、起重机起吊重物时的上升与下放、电梯的升降等，用以满足生产加工的要求。正反转控制系统如图3-20所示。

本系统的设计任务是：设计一台电动机拖动系统，启动后，根据需求按下相应的控制按钮，实现往复加工。

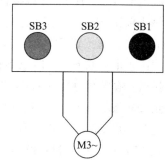

### 2. 任务要求

一台电动机拖动的自动往复微型加工设备对关键的加工过程为：启动时，合上开关QS，引入三相电源。按下正转控制按钮SB1，线圈KM1得电，主触头KM1闭合，　图3-20　正反转控制系统示意图

电机实现正转并实现自锁；当需要反转时，按下反转控制按钮SB2，KM1线圈断电，主触头KM1断开，同时KM2线圈得电，主触头KM2的常开触点闭合，电动机反转并实现自锁；按下停止控制按钮SB3，系统停止运行。如图3-21所示。

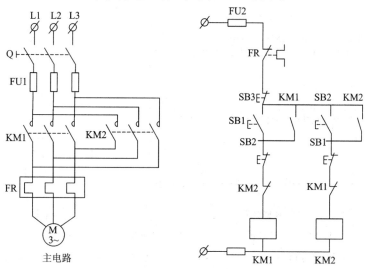

图3-21　接触器、按钮双重联锁控制

**3. 三相异步电动机正反转控制的梯形图设计**

1）I/O（输入/输出）分配表

由上述控制要求可确定 PLC 需要 3 个输入点、2 个输出点，其 I/O 分配表如表 3-6 所示。

**表 3-6  I/O 分配表**

| 输入 | | | 输出 | | |
|---|---|---|---|---|---|
| 输入继电器 | 输入元件 | 作用 | 输出继电器 | 输出元件 | 作用 |
| X000 | SB1 | 停止按钮 | Y000 | KM1 | 正转运行交流接触器 |
| X001 | SB2 | 正转启动按钮 | Y001 | KM2 | 反转运行交流接触器 |
| X002 | SB3 | 反转启动按钮 | | | |

2）编程

根据 3-21 控制图所示，当正转启动按钮 SB2 被按下时，输入继电器 X001 接通，输出继电器 Y000 置 1，交流接触器 KM1 线圈得电并自保，这时电动机正转连续运行。若按下停止按钮 SB1 时，输入继电器 X000 接通，输出继电器 Y000 置 0，电动机停止运行。当按下反转启动按钮 SB3 时，输入继电器 X002 接通，输出继电器 Y001 置 1，交流接触器 KM2 线圈得电并自锁，这时电动机反转连续运行。当按下停止按钮 SB1 时，输入继电器 X000 接通，输出继电器 Y001 置 0，电动机停止运行。从图 3-21 的继电器控制电路可知，不但正反转按钮实行了互锁，而且正反转运行接触器间也实行了互锁。结合以上的编程分析及所学的启-保-停基本编程环节、置位/复位治疗和栈操作指令，可以通过下面三种方案来实现 PLC 控制电动机连续运行电路的要求。

方案一：直接用启-保-停基本电路实现，梯形图及指令表如图 3-22 所示。

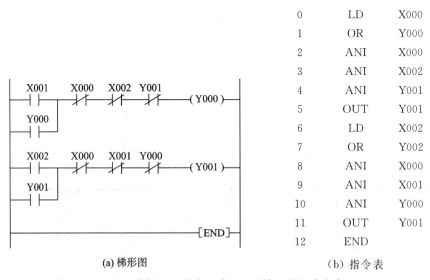

| 0 | LD | X000 |
|---|---|---|
| 1 | OR | Y000 |
| 2 | ANI | X000 |
| 3 | ANI | X002 |
| 4 | ANI | Y001 |
| 5 | OUT | Y001 |
| 6 | LD | X002 |
| 7 | OR | Y002 |
| 8 | ANI | X000 |
| 9 | ANI | X001 |
| 10 | ANI | Y000 |
| 11 | OUT | Y001 |
| 12 | END | |

(a) 梯形图　　　　　　(b) 指令表

图 3-22　PLC 控制三相异步电动机正反转运行电路方案一

此方案通过在正转运行支路中串入 X002 常闭触点和 Y001 的常闭触点，在反转运行支路中串入 X004 常闭触点和 Y000 的常闭触点来实现按钮及接触器的互锁。

方案二：用置位/复位基本电路实现。梯形图及指令表如图 3 - 23 所示。

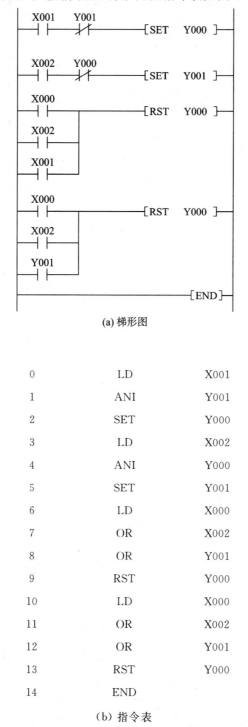

(a) 梯形图

| 0 | LD | X001 |
|---|----|------|
| 1 | ANI | Y001 |
| 2 | SET | Y000 |
| 3 | LD | X002 |
| 4 | ANI | Y000 |
| 5 | SET | Y001 |
| 6 | LD | X000 |
| 7 | OR | X002 |
| 8 | OR | Y001 |
| 9 | RST | Y000 |
| 10 | LD | X000 |
| 11 | OR | X002 |
| 12 | OR | Y001 |
| 13 | RST | Y000 |
| 14 | END | |

（b）指令表

图 3 - 23　PLC 控制三相异步电动机正反转运行电路方案二

方案三：利用栈操作指令实现。梯形图及指令表如图 3 - 24 所示。

(a) 梯形图

| 0 | LDI | X000 |
| 1 | MPS | |
| 2 | LD | X001 |
| 3 | OR | Y000 |
| 4 | ANB | |
| 5 | ANI | X002 |
| 6 | ANI | Y001 |
| 7 | OUT | Y000 |
| 8 | MPP | |
| 9 | LD | X002 |
| 10 | OR | Y001 |
| 11 | ANB | |
| 12 | ANI | X001 |
| 13 | ANI | Y000 |
| 14 | OUT | Y001 |
| 15 | END | |

（b）指令表

图 3 - 24　PLC 控制三相异步电动机正反转运行电路方案三

3）硬件接线

PLC 的外部硬件接线如图 3 - 25 所示。

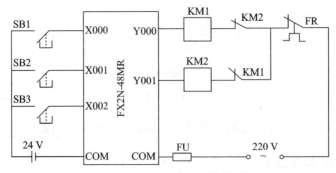

图 3 - 25　PLC 的外部硬件接线图

由图 3-25 可注意到：外部硬件输出电路中使用了 KM1、KM2 的常闭触点进行了互锁。这是因为 PLC 内部软继电器互锁只相差一个扫描周期，来不及响应。例如 Y000 虽然断开，可能 KM1 的触点还未断开，在没有外部硬件互锁的情况下，KM2 的触点可能接通，引起主电路短路。因此不仅要在梯形图中加入软继电器的互锁触点，而且还要在外部硬件输出电路中进行互锁，这也就是我们常说的"软硬件双重互锁"。采用双重互锁，同时也避免了因接触 KM1 和 KM2 的主触点熔焊引起电动机主电路短路。

**4. 上机调试运行**

1）程序文件操作

（1）新建。建立一个程序文件，可通过"文件（File）"菜单中的"新建（New）"命令来完成，在主窗口将显示新建的程序文件程序区；也可通过单击工具条中相应的按钮来完成。新建的程序文件用户可以根据实际编程需要做以下操作：确定主机型号，根据实际应用情况选择 PLC 型号；单击"确定"按钮即可进入编程界面。当编程结束，打开"工具"菜单中的"执行"命令，退出编程界面保存表。

（2）打开已有文件。要打开一个磁盘中已有的程序文件，可用"文件（File）"菜单中的"打开（Open）"命令。在弹出的对话框中选择要打开的程序文件即可；也可通过单击工具条中相应的按钮来完成。

（3）上传。在已经与 PLC 建立通信的前提下，如果要上传 PLC 存储器中的程序文件，可用"PLC"菜单中的"传送"命令中"读出"子命令来完成。

（4）下载。在已经与 PLC 建立通信的前提下，如果要下载到 PLC 存储器程序文件中，可用"PLC"菜单中的"传输"命令中的"写出"子命令来完成。同时为了提高传送程序的效率，可以在下载前设置传送的范围。

2）编辑程序

编辑和修改控制程序时，程序员要做的最基本的工作就是软件的编辑。现以梯形图编辑器为例介绍一些基本的编辑操作。

（1）输入编程元件。梯形图的编程元件（编程元素）主要有线圈、触点、指令盒、标号及连接线。输入方法有以下两种：

方法1：功能图输入。

首先在编辑窗口中定位光标，在功能图中选择元件类型，输入元件编号，单击"确定"按钮，即可完成某一元件的输入。若有错误，如元件编号非法、违反梯形图规则等，编程软件会马上拒绝输入。

方法2：功能键输入。

顺序输入：在一个逻辑行中，如果只有编程元件的串联连接，输入和输出都无分叉，则视为顺序输入。此方法非常简单，只需从逻辑行的开始依次输入各编程元件即可，每输入一个元件，光标自动向后移动到下一列。

任意添加输入：如果想在任意位置添加一个编程元件，只需单击指定的位置将光标移到此处，然后输入编程元件即可。

（2）插入和删除。编程中经常用到插入和删除一行、一列或一逻辑行等。

插入：将光标定位在要插入的位置，然后选择"编辑（Edit）"菜单，执行此菜单中的"行插入"命令，就可以输入编程元件，从而实现逻辑行的输入。

删除：首先通过鼠标选择要删除的逻辑行，然后利用"编辑（Edit）"菜单中的"行删除"命令就可以删除该逻辑行。

对于元件的剪切、复制和粘贴等操作方法也与上述类似，不再赘述。

（3）注释。选定给予注释的元件，双击此元件，即可进入文字注释的输入界面。

（4）编程语言转换软件可实现编程语言（编辑器）之间的任意切换。选择"视图（View）"菜单，单击 STL、LAD 便可进入对应的编程环境。使用最多的是 STL 和 LAD 之间的互相切换。

（5）转换。程序编辑完成，一定要利用"编辑（Edit）"菜单中的"转换"命令，将在编辑窗口中创建的电路图进行格式转换并存入计算机中。若直接退出编程界面，则不保存编制的程序。

3）调试及运行

调试并运行所编写的程序。

4）操作注意事项

操作注意事项有：

（1）按电路图的要求，正确使用工具和仪表，熟练安装电气元件。

（2）主电路在配电板上布置要合理，横平竖直，接线要紧固美观。

（3）把继电器-接触器控制电路改造成梯形图并上传至 PLC。

（4）在保证人身和设备安全的前提下，通电试车一次成功。

## 四、质量评价标准

项目质量考核要求及评分标准见表 3 - 7。

### 表 3 - 7　项目质量考核要求及评分标准

| 考核项目 | 考核要求 | 配分 | 评分标准 | 扣分 | 得分 | 备注 |
|---|---|---|---|---|---|---|
| 系统安装 | （1）会安装元件；<br>（2）按图完整、正确及规范接线；<br>（3）按照要求编号 | 30 | （1）元件松动扣 2 分，损坏一处扣 4 分；<br>（2）错、漏线每处扣 2 分；<br>（3）反圈、压皮、松动，每处扣 2 分；<br>（4）错、漏编号，每处扣 1 分 | | | |
| 编程操作 | （1）会建立程序新文件；<br>（2）正确输入梯形图；<br>（3）正确保存文件 | 40 | （1）不能建立程序新文件或建立错误扣 4 分；<br>（2）输入梯形图错误一处扣 2 分 | | | |
| 运行操作 | （1）操作运行系统，分析运行结果；<br>（2）会监控梯形图；<br>（3）会验证串行工作方式 | 30 | （1）系统通电操作错误一步扣 3 分；<br>（2）分析运行结果错误一处扣 2 分；<br>（3）监控梯形图错误一处扣 2 分；<br>（4）验证串行工作方式错误扣 5 分 | | | |
| 安全生产 | 自觉遵守安全文明生产规程 | | （1）每违反一项规定，扣 3 分；<br>（2）发生安全事故，按 0 分处理；<br>（3）漏接接地线一处扣 5 分 | | | |
| 时间 | 3 小时 | | 提前正确完成，每 5 分钟加 2 分；<br>超过定额时间，每 5 分钟扣 2 分 | | | |
| 开始时间 | | 结束时间 | | 实际时间 | | |

# 练习与思考

1. 写出梯形图 3-26 及图 3-27 对应的指令表。

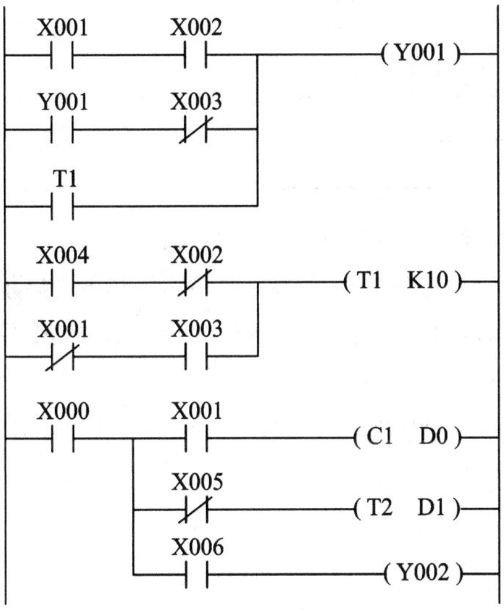

图 3-26　题 1 图

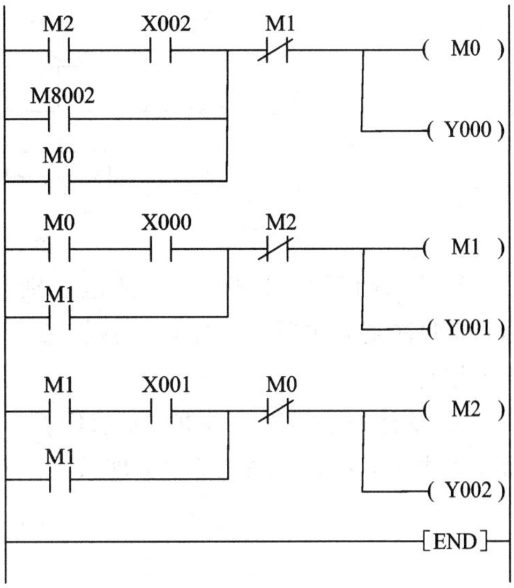

图 3-27　题 1 图

2. 画出与下列语句表对应的梯形图。

| 0 | LD | X001 | 12 | OUT | T1 | K10 |
|---|----|------|----|-----|----|-----|
| 1 | OR | Y001 | 15 | LD | X000 | |
| 2 | LD | X002 | 16 | MPS | | |
| 3 | ORI | X003 | 17 | AND | X001 | |
| 4 | ANB | | 18 | OUT | C1 | D0 |
| 5 | OR | T1 | 21 | MRD | | |
| 6 | OUT | Y001 | 22 | ANI | X005 | |
| 7 | LD | X004 | 23 | OUT | T2 | D1 |
| 8 | ANI | X002 | 26 | MPP | | |

3. 试根据图 3-28 所示的梯形图画出 M0、M1、Y0 的时序图。

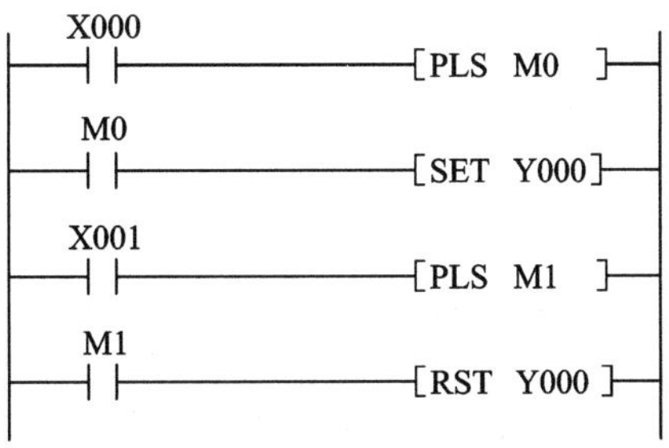

图 3-28　题 3 图

4. 按下按钮 X0 后 Y0 变为 ON 并自保持，T0 定时 7 秒后，用 C0 对 X 的输入脉冲计数，计满 4 个脉冲后，Y0 也变为 OFF，同时 C0 和 T0 被复位，在 PLC 刚开始执行用户程序时，C0 也被复位。根据图 3-29 设计出梯形图，写出助记符。

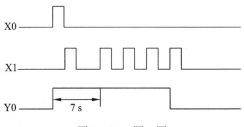

图 3-29　题 4 图

5. 某小车可以分别在左右两地分别启动，运行碰到限位开关后，停 5 秒再自动往回返，如此往复 5 次后自动停止。小车在任何位置均可以通过手动停车。设计出梯形图，写出助记符。

6. 设计一个三组抢答器。要求任意一组抢先按下按键，其对应的指示灯亮并使用蜂鸣器发出声响，同时锁住抢答器，即其他组按下按键无效，复位后可重新抢答。

# 模块四　步进指令及顺序控制程序设计

## 一、学习目标

(1) 了解顺序控制的含义。

(2) 熟悉顺序控制程序的结构。

(3) 熟悉 PLC 状态编程元件的分类及使用方法。

(4) 掌握步进指令 STL 和 RET 的功能和用法。

## 二、学习任务

### 1. 本模块的基本任务

(1) 能分析较复杂的 PLC 控制系统。

(2) 能熟练应用步进指令编写程序。

(3) 能进行程序的调试。

### 2. 任务流程图

本模块的任务流程图见图 4-1。

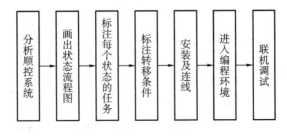

图 4-1　任务流程图

## 三、环境设备

学习本模块所需工具、设备见表 4-1。

表 4-1　工具、设备清单

| 序号 | 分类 | 名　称 | 型　号　规　格 | 数量 | 单位 | 备注 |
|---|---|---|---|---|---|---|
| 1 | 工具 | 常用电工工具 | | 1 | 套 | |
| 2 | | 万用表 | MF47 | 1 | 只 | |
| 3 | 设备 | PLC | FX$_{2N}$-48MR | 1 | 只 | |
| 4 | | LED 灯 | | 若干 | 只 | |

# 4.1 顺序控制的概念及状态转移图

## 4.1.1 顺序控制

机械设备的动作过程大多数是按工艺要求预先设计的逻辑顺序或时间顺序的工作过程，即在现场开关信号的作用下，启动机械设备的某个机构动作后，该机构在执行任务中发出另一现场开关信号，继而启动另一机构动作，如此按步进行下去，直至全部工艺过程结束，这种由开关元件控制的按步控制方式，称为顺序控制。

我们先看一个例子：三台电动机顺序控制系统。要求：按下按钮 SB1，电动机 1 启动；当电动机 1 启动后，按下按钮 SB2，电动机 2 启动；当电动机 2 启动后，按下按钮 SB3，电动机 3 启动；当三台电动机启动后，按下按钮 SB4，电动机 3 停止；当电动机 3 停止后，按下按钮 SB5，电动机 2 停止；当电动机 2 停止后，按下按钮 SB6，电动机 1 停止。三台电动机的启动和停止分别由接触器 KM1、KM2、KM3 控制。

图 4-2 为电动机控制流程图、PLC 接线图及电气控制原理图。

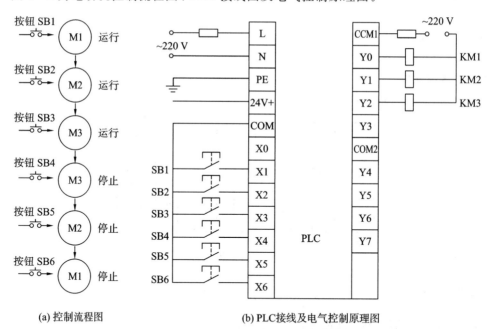

(a) 控制流程图　　　　　　(b) PLC 接线及电气控制原理图

图 4-2　电动机控制流程图、PLC 接线图及电气控制原理图

使用基本指令编制的 PLC 梯形图程序如图 4-3 所示。

从图 4-3 中可以看出，为了达到本次的控制要求，图中又增加了三只辅助继电器，其功能读者可自行分析。用梯形图或指令表方式编程固然广为电气技术人员接受，但对于一个复杂的控制系统，尤其是顺序控制程序，由于内部的联锁、互动关系极其复杂，其梯形图往往长达数百行，通常要由熟练的电气工程师才能编制出这样的程序。另外，如果在梯形图上不加上注释，则这种梯形图的可读性也会大大降低。

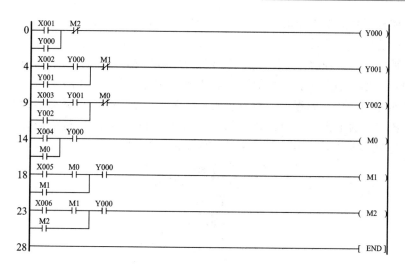

图 4-3　三台电动机顺序控制梯形图

## 4.1.2　状态转移图

基于经验法和基本指令编写复杂程序的缺点，人们一直寻求一种易于构思、易于理解的图形程序设计工具。它应有流程图的直观，又有利于复杂控制逻辑关系的分解与综合，这种图就是状态转移图。为了说明状态转移图，现将三台电动机顺序控制的流程各个控制步骤用工序表示，并按工作顺序将工序连接成如图 4-4 所示工序图，这就是状态转移图的雏形。

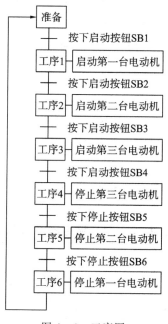

图 4-4　工序图

从图 4-4 可看到，该图有以下特点：

（1）将复杂的任务或过程分解成若干个工序（状态）。无论多么复杂的过程均能分化为小的工序，有利于程序的结构化设计。

（2）相对某一个具体的工序来说，控制任务实现了简化。给局部程序的编制带来了方便。

（3）整体程序是局部程序的综合，只要弄清楚工序成立的条件、工序转移的条件和方向，就可进行这类图形的设计。

（4）这种图很容易理解，可读性很强，能清晰地反映全部控制工艺过程。

其实将图中的"工序"更换为"状态"，就得到了状态转移图（如图 4-5 所示）——状态编程法的重要工具。状态编程的一般思想为：将一个复杂的控制过程分解为若干个工作状态，弄清楚各状态的工作细节（状态的功能、转移条件和转移方向）再依据总的控制顺序要求将这些状态联系起来，形成状态转移图，进而编写梯形图程序。

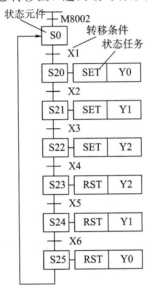

图 4-5  状态转移图

在状态转移图中，一个完整的状态包括以下 3 部分：

（1）状态任务：即本状态做什么。

（2）状态转移条件：即满足什么条件实现状态转移。

（3）状态转移方向：即转移到什么状态去。

### 4.1.3  FX$_{2N}$ 的状态元件 S

FX$_{2N}$ 系列 PLC 中规定状态继电器 S 为控制元件，状态继电器有 S0～S999 共 1000 点，其分类、编号、数量及用途如表 4-2 所示。

表 4-2  状态继电器 S 信息表

| 类别 | 元件编号 | 个数 | 用途及特点 |
|---|---|---|---|
| 初始状态 | S0～S9 | 10 | 用作初始状态 |
| 返回原点状态 | S10～S19 | 10 | 多运行模式中，用作返回原点的状态 |
| 一般状态 | S20～S499 | 480 | 用作中间状态 |
| 掉电保持状态 | S500～S899 | 400 | 用作停电恢复后需继续执行的场合 |
| 信号报警转台 | S900～S999 | 100 | 用作报警元件试用 |

注：（1）状态的编号必须在指定范围内选择。

（2）各状态元件的触点，在 PLC 内部可自由使用，次数不限。

（3）在不用步进顺控指令时，状态元件可作为辅助继电器在程序中使用。

（4）通过参数设置，可改变一般状态元件和掉电保持状态元件的地址分配。

# 4.2　步进指令及多流程步进顺序控制

## 4.2.1　步进指令

以电动机顺序控制为例，说明运用状态编程思想编写步进顺序控制程序的方法和步骤。IECI 131-3 标准中定义的 SFC（Sequential Function Chart）语言是一种通用的状态转移图语言，用于编制复杂的顺控程序，主要不同厂家生产的可编程控制器中用 SFC 语言编制的程序极易相互变换。利用这种先进的编程方法，初学者也很容易编出复杂的程序，熟练的电气工程师用这种方法后也能大大提高工作效率。另外，这种方法也为调试、试运行带来许多难以言传的方便。三菱的小型 PLC 在基本逻辑指令之外增加了两条简单步进顺控指令（STL，意为 Step Ladder），类似于 SFC 的语言的状态转移图方式编程。

步进指令有两条：STL（步进接点指令）和 RET（步进返回指令）。

**1. STL：步进接点指令**

STL 指令的操作元件是状态继电器 S，STL 指令的意义为激活某个状态。在梯形图上体现为从主母线上引出的状态接点。STL 指令有建立子母线的功能，以使该状态的所有操作均在子母线上进行。STL 指令的应用如图 4-6 所示。

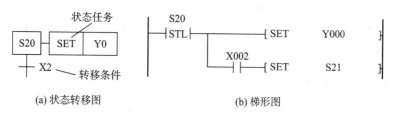

(a) 状态转移图　　　　　　　　　　　(b) 梯形图

图 4-6　STL 指令应用

我们可以看到，在状态转移图中状态有状态任务（驱动负载）、转移方向（目标）和转移条件三个要素。其中转移方向（目标）和转移条件是必不可少的，而驱动负载则视具体情况，也可能不进行实际的负载驱动。图 4-6 为状态转移图和梯形图的对应关系。其中 SET Y0 为状态 S20 的状态任务（驱动负载），S21 为其转移的目标，X3 为其转移条件。

图 4-6 的指令表程序如表 4-3 所示。

表 4-3　指　令　表　程　序

| STL | S20 | 使用 STL 指令，激活状态继电器 S20 |
| --- | --- | --- |
| SET | Y000 | 驱动负载 |
| LD | X2 | 转移条件 |
| SET | S21 | 转移方向（目标）处理 |
| STL | S21 | 使用 STL 指令，激活状态继电器 S21 |

步进顺控的编程思想是：先进行负载驱动处理，然后进行状态转移处理。从程序中可以看出，首先要使用 STL 指令，这样保证负载驱动和状态转移均是在子母线上进行，并激活状态继电器 S20；然后进行本次状态下负载驱动，SET Y001；最后，如果转移条件 X2 满

足,使用 SET 指令将状态转移到下一个状态继电器 S21。

步进接点只有常开触点,没有常闭触点。步进接点接通,需要用 SET 指令进行置位。步进接点闭合,其作用如同主控触点闭合一样,将左母线移到新的临时位置,即移到步进接点右边,相当于子母线,这时,与步进接点相连的逻辑行开始执行,与子母线相连的触点可以采用 LD 指令或者 LDI 指令。

**2. RET:步进返回指令**

RET 指令没有操作元件。RET 指令的功能是:当步进顺控程序执行完毕时,使子母线返回到原来主母线的位置,以便非状态程序的操作在主母线上完成,防止出现逻辑错误。RET 指令的应用如图 4-7 所示。

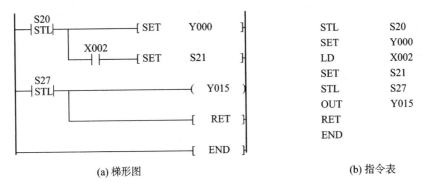

(a) 梯形图　　　　　　　　　　(b) 指令表

图 4-7　RET 指令的应用

在每条步进指令后面,不必都加一条 RET 指令,只需在一系列步进指令的最后接一条 RET 指令即可。状态转移程序的结尾必须有 RET 指令。

## 4.2.2　单流程步进顺序控制

所谓单流程,是指状态转移只可能有一种顺序。电动机顺序控制过程只有一种。

**1. 状态转移图的设计**

(1) 将整个工作过程按任务要求分解,其中的每个工序均对应一个状态,并分配状态元件。

S0 准备(初始状态)　　　　S23 停止电动机 3

S20 启动电动机 1　　　　　S24 停止电动机 2

S21 启动电动机 2　　　　　S25 停止电动机 1

S22 启动电动机 3

(a) 一般状态　　　(b) 初始状态

图 4-8　状态(步)的符号

注意:不同工序,状态继电器编号也不同。一个状态(步)用一个矩形框来表示,中间写上状态元件编号用以标识。一个步进顺控程序必须要有一个初始状态,一般状态和初始状态的符号如图 4-8 所示。

(2) 弄清每个状态的状态任务(驱动负载)。

S0 初始状态

S20 启动电动机 1(SET Y0)　　　　S23 停止电动机 3(RST Y2)

S21 启动电动机 2(SET Y1)　　　　S24 停止电动机 2(RST Y1)

S22 启动电动机 3(SET Y2)　　　　S25 停止电动机 1(RST Y0)

用右边的一个矩形框表示该状态对应的状态任务，多个状态任务对应多个矩形框。各状态的功能是通过 PLC 驱动其各种负载来完成的。负载可由状态元件直接驱动，也可由其他软元件触点的逻辑组合驱动。

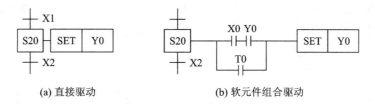

(a) 直接驱动　　　　　　　　(b) 软元件组合驱动

图 4 - 9　负载的驱动

（3）找出每个状态的转移条件。

即在什么条件将下个状态"激活"。状态转移图就是状态和状态转移条件及转移方向构成的流程图，经分析可知，各状态的转移条件如下：

S0 转移条件 按下 SB1　　　　　　S22 转移条件 按下 SB4

S20 转移条件 按下 SB2　　　　　　S23 转移条件 按下 SB5

S21 转移条件 按下 SB3　　　　　　S24 转移条件 按下 SB6

用一个有向线段来表示状态转移的方向，从上向下画时可以省略箭头，当有向线段从下向上画时，必须画上箭头，以表示方向。状态之间的有向线段上再用一段横线表示这一转移的条件。状态的转移条件可以是单一的，也可以有多个元件的串、并联组合。如图4 - 10所示。

经过以上三步，可得到电动机顺序控制的状态转移图，如图 4 - 11 所示。

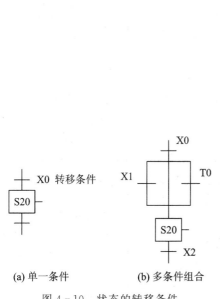

(a) 单一条件　　　　　(b) 多条件组合

图 4 - 10　状态的转移条件　　　图 4 - 11　电动机顺序控制系统状态转移图

### 2. 单流程状态转移图的编程要点

（1）状态编程的基本原则是：激活状态，先进行负载驱动，再进行状态转移，顺序不能颠倒。

（2）当使用 STL 指令将某个状态激活，该状态下的负载驱动和转移才有可能。若对应状态是关闭的，则负载驱动和状态转移不可能发生。

（3）除初始状态下，其他所有状态只有在其前一个状态被激活且转移条件满足时才能被激活，同时一旦下一个状态被激活，上一个状态自动关闭。因此，对于单流程状态转移图来说，同一时间，只有一个状态是处于激活状态的。

（4）若为顺序连续转移（即按状态继电器元件编号顺序向下），使用 SET 指令进行状态转移；若为顺序不连续转移，不能使用 SET 指令，应改用 OUT 指令进行状态转移。如图4-12所示。

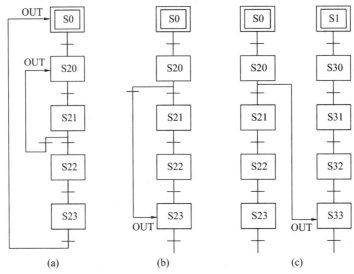

图4-12　非顺序连续转移图

（5）状态的顺序可自由选择，不一定非要按 S 编号的顺序选用，但在一系列的 STL 指令的最后，必须写入 RET 指令。

（6）在 STL 电路不能使用 MC 指令，MPS 指令也不能紧接着 STL 触点后使用。

（7）初始状态可由其他状态驱动，但运行开始必须用其他方法预先做好驱动，否则状态流程不可能向下进行。一般用系统的初始条件，若无初始条件，可用 M8002（PLC 从 STOP→RUN 切换时的初始脉冲）进行驱动。

（8）在步进程序中，允许同一状态元件不同时"激活"的"双线圈"输出。同一定时器和计数器不要在相邻的状态中使用，可以隔开一个状态使用。在同一程序段中，同一状态继电器也只能使用一次。

（9）状态元件 S500～S899 是有锂电池作后备的，在运行中途发生停电、再通电时要继续运行的场合，请使用这些状态元件。

**3. 三台电动机顺序控制系统的 STL 编程**

电动机顺序控制步进梯形图及指令表程序如图4-13及图4-14所示。

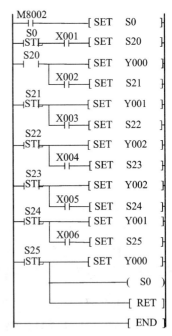

图4-13　电动机顺序控制
步进梯形图

LD M8002 初始脉冲
SET S0 状态转移 S0
STL S0 激活初始状态 S0
LD X001 转移条件 X1
SET S20 状态转移 S20
STL S20 激活状态 S20
SET Y000 驱动负载
LDP X002 转移条件 X2
SET S21 状态转移 S21
STL S21 激活状态 S21
SET Y001 驱动负载
LDP X003 转移条件 X3
SET S22 状态转移 S22
STL S22 激活状态 S22

SET Y002 驱动负载
LDP X004 转移条件 X4
SET S23 状态转移 S23
STL S23 激活状态 S23
RST Y002 驱动负载
LDP X005 转移条件 X5
SET S24 状态转移 S24
STL S24 激活状态 S24
RST Y001 驱动负载
LDP X006 转移条件 X6
SET S25 状态转移 S25
STL S25 激活状态 S25
RST Y000 驱动负载
OUT S0 状态转移 S0
RET 状态返回指令
END 结束

图 4 - 14 电动机顺序控制指令表程序

思考题：三台电动机的顺序控制

用一只启动按钮(SB1)和一只停止按钮(SB3)实现三台电动机的顺序启停控制，每按一次按钮能顺序启停一台电动机，工序图如图 4 - 15 所示。

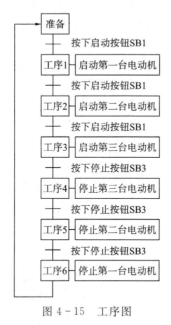

图 4 - 15 工序图

## 4.2.3 选择性流程步进顺序控制

### 1. 选择性分支简介

存在多种工作顺序的状态流程图分为分支、汇合流程图。分支流程可分为选择性分支和并行性分支，从多个流程顺序中选择执行哪一个流程，称为选择性分支。

图 4-16 所示为传送机分检大小球系统。如果电磁铁吸住大的金属球，则将其送到大球的球箱里，如果电磁铁吸住小的金属球，则将其送到小球的球箱里。

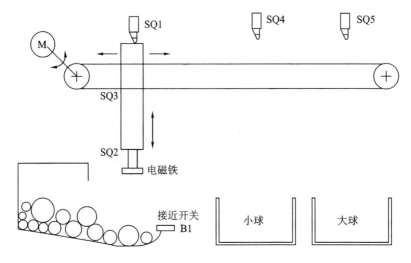

图 4-16　传送机分拣大小球系统

工作过程如下：传送机的机械手臂上升、下降运动由电动机驱动，机械手臂的左行、右行运动由另一台电动机驱动。机械手臂停在原位时，按下启动按钮，手臂下降到球箱中，如果压合下限行程开关 SQ2，电磁铁线圈通电后，将吸住小铁球，然后手臂上升，右行到行程开关 SQ4 位置，手臂下降，将小球放进球箱中，最后，手臂回到原位。如果手臂由原位下降后未碰到下限行程开关 SQ2，则电磁铁吸住的是大铁球，将大球放到大球的球箱中。PLC 输入输出表见表 4-4。

**表 4-4　PLC I/O 地址表**

| 输　　　入 | | | 输　　　出 | | |
|---|---|---|---|---|---|
| 元件 | 作用 | 输入继电器 | 元件 | 作用 | 输出继电器 |
| SB1 | 启动按钮 | X0 | HL | 指示灯 | Y0 |
| SQ1 | 球箱定位行程开关 | X1 | KM1 | 接触器（上升） | Y1 |
| SQ2 | 下限行程开关 | X2 | KM2 | 接触器（下降） | Y2 |
| SQ3 | 上限行程开关 | X3 | KM3 | 接触器（左移） | Y3 |
| SQ4 | 小球球箱定位行程开关 | X4 | KM4 | 接触器（右移） | Y4 |
| SQ5 | 大球球箱定位行程开关 | X5 | YA | 电磁铁 | Y5 |
| B1 | 接近开关 | X6 | | | |

分拣系统控制系统接线图如图 4-17 所示，状态转移图如图 4-18 所示。

可以看到，该状态转移图有两个流程顺序，在 S21 状态被激活后，驱动负载：OUT Y2，同时延时 2 秒钟，如果 SQ2 检测到机械手处于下限位（X2＝ON），程序判断机械手臂抓住的是小球，选择执行左边流程；如果 SQ2 检测不到机械手处于下限位（X2＝OFF），程序判断机械手臂抓住的是大球，选择执行右边流程。且两个分支的选择条件（X2＝ON 或 X2＝OFF）具有唯一性。

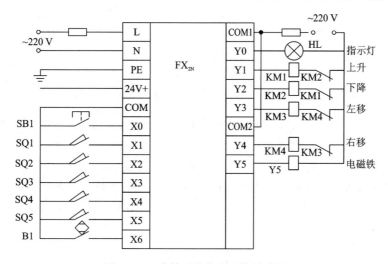

图 4 - 17　分拣系统控制系统接线图

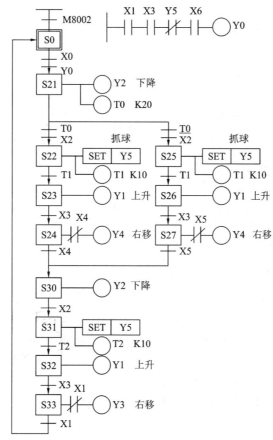

图 4 - 18　分拣系统状态转移图

## 2. 选择性分支、汇合的编程

1）选择性分支编程

从多个流程顺序中选择执行哪一个流程，称为选择性分支。图 4 - 19 所示为大小球流程选择的状态转移图。

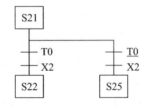

图 4-19　大小球流程选择的状态转移图

　　S21 的分支有两条，分别是大球流程开始步 S22 和小球流程开始步 S25，根据 X2 的状态，选择执行其中的一个流程。编程原则是先集中处理分支状态，然后再集中处理汇合状态。选择性分支的编程方法是先进行分支状态的驱动处理，再依顺序进行转移处理。程序如下：

STL S21　　驱动处理

OUT Y002

OUT T0 K20

LD T0　　选择转移条件

AND X2

SET S22　　转移到(a)分支状态

LD T0　　　选择转移条件

ANI X2

SET S25　　转移到(b)分支状态

2）汇合状态的编程

图 4-20 为大小球流程汇合的状态转移图。

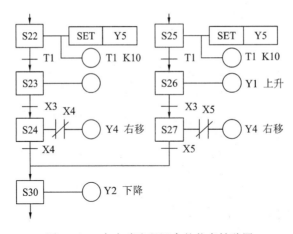

图 4-20　大小球流程汇合的状态转移图

　　编程方法是先进行汇合前各分支的驱动处理，再依次进行向汇合状态的转移处理。依次将 S22、S23、S24、S25、S26、S27 的输出进行处理，然后按顺序进行从 S22(a 分支)、S25(b 分支)向汇合点 S30 的转移。程序如下：

STL S22　　(a)分支汇合前的驱动处理

SET Y5

OUT T1 K10

LD T1

SET S23

STL S23

OUT Y1

LD X3

SET S24

STL S24

LDI X4

OUT Y4　　(a)分支驱动处理结束

STL S25　　(b)分支汇合前的驱动处理

SET Y5

OUT T1 K10

LD T1

SET S26　　　　　　　　　　　　　　　LD X4　　（a)分支转移条件

STL S26　　　　　　　　　　　　　　　SET S30　　由(a)分支转移到汇合点 S30

OUT Y1　　　　　　　　　　　　　　　LD X5　　（a)分支转移条件

LD X3　　　　　　　　　　　　　　　　SET S30　　由(a)分支转移到汇合点 S30

SET S27

STL S27LDI X5

OUT Y4　　　(a)分支驱动处理结束

3）程序状态分析

从图 4-17 所示的分拣机状态流程图可以看出，当行程开关 SQ1 和 SQ3 被压合，机械手臂电磁吸盘线圈未通电（Y5 常闭触点保持闭合状态）且球箱中存在铁球（接近开关动作 X6 常开闭合时，指示灯 HL 亮）时，此状态为分拣系统的机械原点。

按下启动按钮，机械手臂开始下降，由定时器 T0 控制下降时间，完成动作转换。为保证机械手臂抓住和松开铁球，采用定时器 T1 控制抓球时间，采用定时器 T2 控制放球时间。机械手臂抓球和放球动作是由电磁吸盘线圈通电后产生的电磁吸力将铁球吸住，线圈失电后，电磁吸力消失，铁球因重力作用而下坠。为保证电磁吸盘在机械手运行中始终通电，采用 SET 指令控制电磁吸盘线圈得电，RST 指令使电磁吸盘线圈失电。

完整的梯形图程序和指令表程序如图 4-21 及图 4-22 所示。

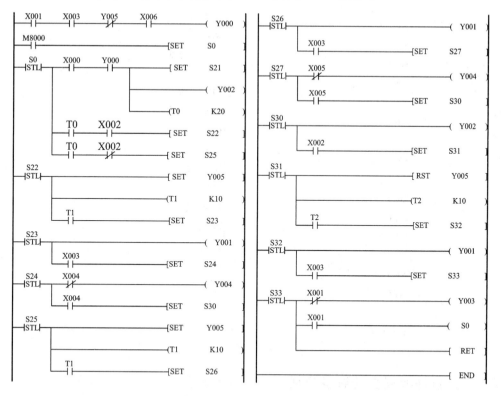

图 4-21　步进梯形图程序

LD X1

AND X3

ANI Y5

AND X6

OUT Y0

LD M8000

SET S0

STL S0

LD X0

AND Y0

SET S21

STL S21

OUT Y002

OUT T0 K20

LD T0

AND X2

SET S22

LD T0

ANI X2

SET S25

STL S22

SET Y5

OUT T1 K10

LD T1

SET S23

STL S23

OUT Y1

LD X3

SET S24

STL S24

LDI X4

OUT Y4

SET S30

STL S25

SET Y5

OUT T1 K10

LD T1

SET S26

STL S26

OUT Y1

LD X3

SET S27

STL S27

LDI X5

OUT Y4

LD X4

SET S30

LD X5

SET S30

STL S30

OUT Y2

LD X2

SET S31

STL S31

RST Y5

OUT T2 K10

LD T2

SET S32

STL S32

OUT Y1

LD X3

SET S33

STL S33

LDI X1

OUT Y3

LD X1

OUT S0

RET

END

图 4 - 22　指令表程序

## 4.2.4　并行性流程步进顺序控制

### 1. 并行性分支简介

并行性流程是指多个流程分支可同时执行的分支流程。

图 4 - 23 为十字路口交通信号灯示意图，按启动按钮 SB1，信号灯系统开始循环动作；

按停止按钮 SB2，信号灯全部熄灭。信号灯控制的具体要求见表 4 - 5。PLC I/O 接线图见图 4 - 24，PLC 地址见表 4 - 6。

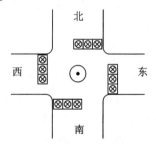

图 4 - 23　十字路口交通信号灯示意图

**表 4 - 5　信号灯控制要求**

| 南 北 | 信号 | 红灯亮 | 绿灯亮 | 绿灯闪 | 黄灯亮 |
|---|---|---|---|---|---|
|  | 时间 | 30 s | 20 s | 5 s | 5 s |
| 东 西 | 信号 | 绿灯亮 | 绿灯闪 | 黄灯亮 | 红灯亮 |
|  | 时间 | 20 s | 5 s | 5 s | 30 s |

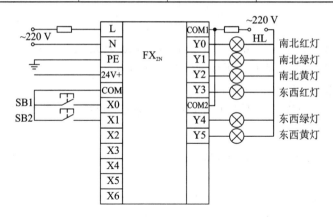

图 4 - 24　PLC I/O 接线图

**表 4 - 6　PLC 地址表**

| 输　入 | | 输　出 | | | |
|---|---|---|---|---|---|
| X0 | 启动 | Y0 | 南北红灯 | Y3 | 东西红灯 |
| X1 | 停止 | Y1 | 南北绿灯 | Y4 | 东西绿灯 |
|  |  | Y2 | 南北黄灯 | Y5 | 东西黄灯 |

　　通过对信号灯控制具体要求的分析，可以发现一个运行周期是 60s，每个周期分为四段双流程控制过程。以东西方向为例：绿灯亮时段(0～20 s)、绿灯闪烁时段(20～25 s)、黄灯亮时段(25～30 s)、红灯亮时段(30～60 s)。

　　根据控制要求，可以写出状态转移图，如图 4 - 25 所示。

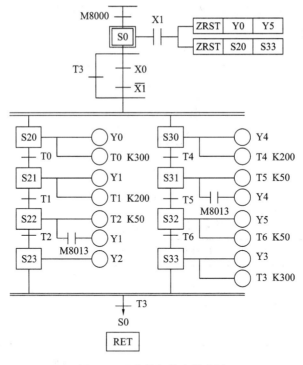

图 4 - 25　信号灯状态转移图

S0 为分支状态，只不过其分支不是选择性的，也就是说一旦状态 S0 的转移条件 M0 为 ON，两个顺序流程同时执行，所以称之为并行分支。

**2. 并行性分支编程**

分支程序的编程原则是先集中进行并行分支处理，再进行汇合处理。

1) 并行分支处理

如图 4 - 26，可以看到，在原始状态 S0，应先进行状态任务处理，然后依次进行 S20、S30 的转移。程序如下：

| | | | | |
|---|---|---|---|---|
| STL S0 | | | ZRST Y0 Y5 | |
| LD X1 | 任务处理 | | LD X0 | 转移条件 |
| ANI X1 | | | SET S20 | 向第一分支转移 |
| OR T3 | | | SET S30 | 向第二分支转移 |
| ZRST S20 S33 | | | | |

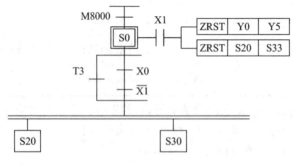

图 4 - 26　并行分支示意图

2) 并行汇合处理

并行汇合处理的编程方法是首先进行汇合前状态的驱动处理，然后按顺序进行汇合状态的转移处理。如图 4 - 27 所示，即按分支顺序对 S20、S21、S22、S23、S30、S31、S32、S33 进行输出处理，然后依次进行对 S23、S24 的转移处理。程序如图 4 - 28 所示。

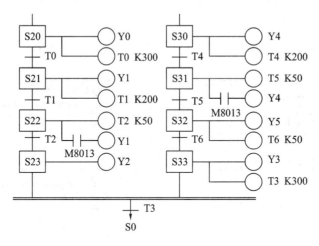

图 4 - 27  并行汇合示意图

| | |
|---|---|
| STL S20　　　第一分支的输出处理 | SET S31 |
| OUT Y0 | STL S31 |
| OUT T0 K300 | OUT T5 K50 |
| LD T0 | LD M8013 |
| SET S21 | OUT Y4 |
| OUT Y1 | LD T5 |
| OUT T1 K200 | SET S32 |
| LD T1 | STL S32 |
| SET S22 | OUT Y5 |
| STL S22 | OUT T6 K50 |
| OUT T2 K50 | LD T6 |
| LD M8013 | SET S33 |
| OUT Y1 | OUT Y3 |
| LD T2 | OUT T3 K300 |
| SET S23 | STL S23　　　第一分支汇合 |
| STL S23 | STL S33　　　第二分支汇合 |
| OUT Y2 | LD T3　　　汇合转移条件 |
| STL S30　　　第二分支的输出处理 | OUT S0　　　转移方向 |
| OUT Y4 | RET |
| OUT T4 K200 | END |
| LD T4 | |

图 4 - 28  指令表程序

3) 并行分支、汇合编程应注意的问题

并行分支、汇合编程应注意的问题有：

(1) 并行分支的汇合最多能实现 8 个分支的汇合。

(2) 并行分支和汇合流程中，转移条件应该在横线的外面，否则应该进行转化，如图 4-29所示。

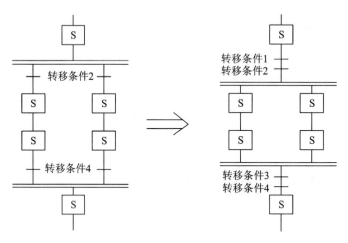

图 4-29　转移条件示意图

# 4.3　步进指令综合应用举例

## 4.3.1　PLC 控制搬运机械手

### 1. 项目任务

随着工业自动化的普及和发展，对控制器的需求逐年增加，搬运机械手也逐渐普及。

本项目的设计任务是：设计编写搬运机械手的 PLC 控制系统程序，并进行安装与调试。搬运机械手结构如图 4-30 所示。

机械手的全部动作由气缸驱动，气缸由相应的电磁阀来控制，电磁阀由 PLC 控制。其中，上升/下降和左/右移分别由双线圈两位电磁阀控制，水平动作气缸为二号气缸，竖直动作为一号气缸。机械手的放松/夹紧由一个单线圈两位电磁阀（称为夹紧电磁阀）控制，放松/夹紧为三号气缸。当该线圈通电时，机械手夹紧；当该线圈断电时，机械手放松。

系统控制要求如下：

机械手的动作过程如图 4-30 所示。

① 从原点开始，按下启动按钮，下降电磁阀通电，机械手下降；下降到位时，碰到下限位开关，下降电磁阀断电，停止下降。

② 同时接通夹紧电磁阀，机械手夹紧。

③ 夹紧后，上升电磁阀通电，机械手上升。上升到位时，碰到上限位开关，上升电磁阀断电，停止上升。

④ 同时接通右移电磁阀，机械手右移。右移到位时，碰到右限位开关，右移电磁阀断

电，停止右移。

⑤ 同时下降电磁阀通电，机械手下降，下降到位时，碰到下限位开关，下降电磁阀断电，停止下降。

⑥ 同时夹紧电磁阀断电，机械手放松。

⑦ 放松后，上升电磁阀通电，机械手上升。上升到位时，碰到上限位开关，上升电磁阀断电，停止上升。

⑧ 同时接通左移电磁阀，机械手左移。左移到位时，碰到左限位开关，左移电磁阀断电，停止左移。至此，机械手经过 8 步完成了一个周期的动作。

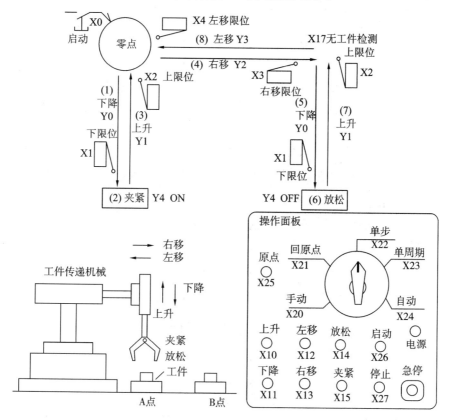

图 4 - 30　搬运机械手结构图

## 2. I/O 分配

I/O 分配如下：

输入端口：A 点工件传感器 LS0，使用输入继电器 X0；一号气缸下限位传感器 LS1，使用输入继电器 X1；一号气缸上限位传感器 LS2，使用输入继电器 X2；二号气缸右限位传感器 LS3，使用输入继电器 X3；二号气缸左限位传感器 LS4，使用输入继电器 X4；三号气缸夹紧限位传感器 LS5，使用输入继电器 X5；三号气缸放松限位传感器 LS6，使用输入继电器 X6；B 点工件传感器 LS7，使用输入继电器 X7。

手动操作按钮 I/O 端口：上升按钮 SB1，使用输入继电器 X10；下降按钮 SB2，使用输入继电器 X11；左移按钮 SB3，使用输入继电器 X12；右移按钮 SB4，使用输入继电器 X13；放松按钮 SB5，使用输入继电器 X14；夹紧按钮 SB6，使用输入继电器 X15；急停按钮：X16。

功能选择开关：手动开关 X20；回原点开关 X21；单步开关 X22；单周期开关 X23；自动开关 X24。

控制按钮：回原点启动 X25；自动运行启动 X26；停止 X27。

输出端口：一号缸驱动，向下移使用电磁阀 YV3(Y0)，向下移使用电磁阀 YV4(Y1)；二号缸驱动，向右移使用电磁阀 YV1(Y2)，向左移使用电磁阀 YV2(Y3)；三号缸驱动，使用电磁阀 YV5（Y2 抓/松工件）。

**3. 绘制 I/O 图**

I/O 接口图如图 4 - 31 所示。

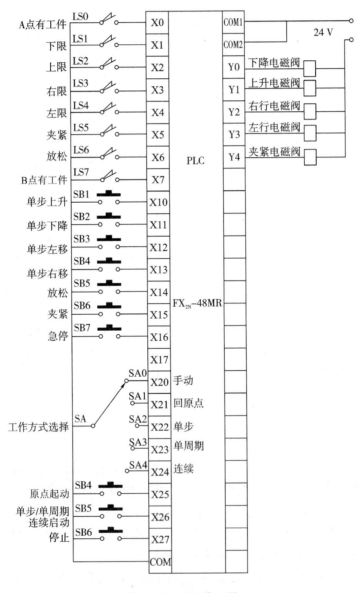

图 4 - 31　I/O 接口图

### 4. 控制过程分析

工件搬运动作流程，如图 4-32 所示。

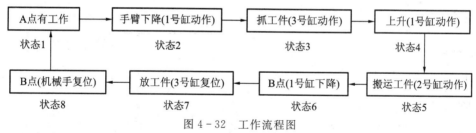

图 4-32 工作流程图

1）原点状态

机械手臂处于原点时，一号缸、二号缸、三号缸均处复位状态，传感器 LS2、LS4、LS6 为闭合状态。原点梯形图及指令表如图 4-33 及表 4-7 所示。

设置辅助继电器 M8044（原点位置条件）。这个元件是由原点的各种传感器驱动，它的 ON 状态作为自动方式时的工作条件之一。

图 4-33 原点梯形图

**表 4-7 原点指令表**

| 指令 | 器件号 | 指令 | 器件号 |
|---|---|---|---|
| LD | X000 | OUT | M8044 |
| AND | X002 | LD | M8000 |
| AND | X004 | IST | X020 S20 S27 |
| AND | X006 | | |

2）手动控制

可以手动控制开关利用机械手臂进行，提升、抓物、运送过程，手动梯形图如图 4-34 所示，指令表见表 4-8。

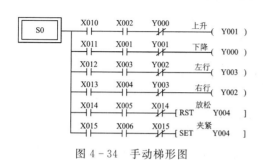

图 4-34 手动梯形图

**表 4-8 手动指令表**

| 指令 | 器件号 | 指令 | 器件号 | 指令 | 器件号 |
|---|---|---|---|---|---|
| STL | S0 | LD | X012 | AND | X005 |
| LD | X010 | AND | X003 | ANI | X014 |
| AND | X002 | ANI | Y002 | RST | Y004 |
| ANI | Y000 | OUT | Y003 | LD | X015 |
| OUT | Y001 | LD | X013 | AND | X006 |
| LD | X011 | AND | X004 | ANI | X015 |
| AND | X001 | ANI | Y003 | SET | Y004 |
| ANI | Y001 | OUT | Y002 | | |
| OUT | Y000 | LD | X014 | | |

3）返回原点

按下 X25，机械手臂返回原点，控制状态图如图 4 - 35 和表 4 - 9 所示。

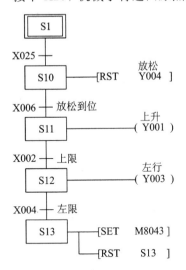

**表 4 - 9　回原点指令表**

| 指令 | 器件号 | 指令 | 器件号 |
|------|--------|------|--------|
| STL | S1 | LD | X002 |
| LD | X025 | SET | S12 |
| SET | S10 | STL | S12 |
| STL | S10 | OUT | Y003 |
| RST | Y004 | LD | X004 |
| LD | X006 | SET | S13 |
| SET | S11 | STL | S13 |
| STL | S11 | SET | M8043 |
| OUT | Y001 | RST | S13 |

图 4 - 35　回原点梯形图

4）自动状态

若 A 点 X0 闭合，表示有物件时，机械手臂进行自动控制过程，控制流程如图 4 - 36 与表 4 - 10 所示。

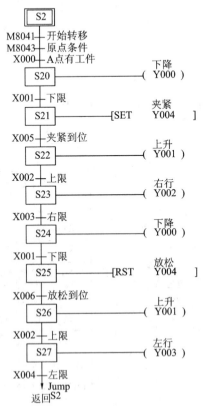

图 4 - 36　自动状态流程图

表 4-10　自动状态指令表

| 指令 | 器件号 | 指令 | 器件号 | 指令 | 器件号 | 指令 | 器件号 | 指令 | 器件号 |
|---|---|---|---|---|---|---|---|---|---|
| STL | S2 | SET | S21 | LD | X002 | LD | X001 | LD | X002 |
| LD | M8041 | SET | S21 | SET | S23 | SET | S25 | SET | S27 |
| AND | M8043 | STL | S21 | STL | S23 | STL | S25 | STL | S27 |
| AND | X000 | SET | Y004 | OUT | Y002 | RST | Y004 | OUT | Y003 |
| SET | S20 | LD | X005 | LD | X003 | LD | X006 | LD | X004 |
| SET | S20 | SET | S22 | SET | S24 | SET | S26 | OUT | S2 |
| OUT | Y000 | STL | S22 | STL | S24 | STL | S26 | RET | |
| LD | X001 | OUT | Y001 | OUT | Y000 | OUT | Y001 | | |

5）机械手控制

完成手动控制、单步控制、单周期、连续和返回原点五种方式的控制梯形图如图 4-37。

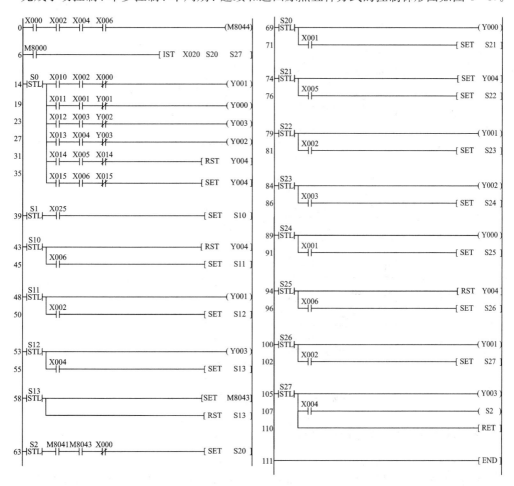

图 4-37　机械手梯形图

**5. 系统电路图**

图 4 - 38 是机械手控制系统电路图。

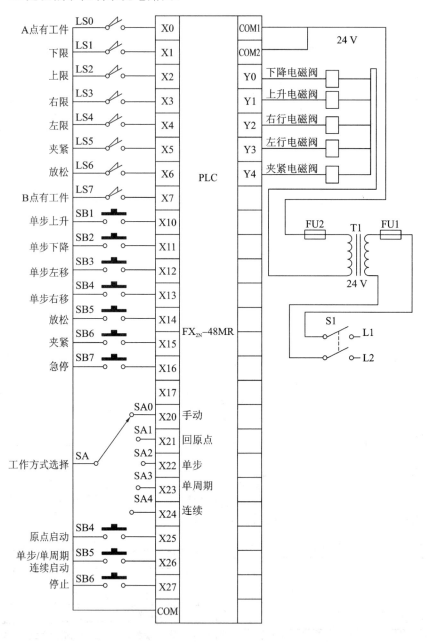

图 4 - 38　机械手臂控制系统电路图

**6. 状态转移图 SFC 功能图的输入**

1) 功能视窗

打开菜单命令"视图", 出现图 4 - 39 所示的视图菜单。在视图菜单中选择"SFC"进入功能图视窗如图 4 - 40 所示。

图 4 - 39　视图菜单

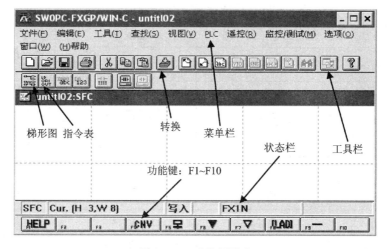

图 4 - 40　功能图视窗

使用图 4 - 40 中的工具栏按钮将使操作更为方便,现在我们介绍几个常用的视窗按钮与转换按钮。

(1)梯形图按钮 ：进入梯形图编辑窗口。

(2)指令表按钮 ：进入指令表编辑窗口。

(3)转换按钮 ：将梯形图(包括内置梯形图)或功能图转换为指令表。

梯形图、指令表和功能图可以互相转换。如果在功能视窗中画好了一个功能图(包括其内置梯形图),只要用鼠标左键单击转换按钮,那么再单击指令表按钮,就可得到对应的指令表,单击梯形图按钮,就可得到对应的梯形图。这种互相转换的关系,使得用户只要编写出一种程序,就能得到其他两种,大大提高工作效率。(注意:在画好每一个内置梯形图后,必须点击转换按钮,在画好整个功能图后,也必须点击转换按钮,这样就把画好的功能图和内置梯形图转换为指令表。)

2) 功能键

功能键是用来输入各种功能图的符号的，每个功能键能在功能图中输入的符号如表 4-11 所示，说明如下：

(1) 表中的第一列为"事项"，表示产生的功能图符号的名称；表中的第二列为"屏幕显示的符号"，表示产生的功能图符号；表中的第三列为"功能键"，表示产生第二列的功能图符号要按下的功能键；表中的第四列为"备注"，作了一些必要的说明。

(2) 表中的符号 ↑Shift + F4 是表示按住 Shift 键不放，同时单击 F4 功能键按钮（或按 F4 功能键）。

(3) 从表 4-11 的第三、四行可以看到，初始状态是双线框，而一般状态是单线框，但是它们都是用 ↑Shift + F4 来产生的，那么我们如何区分是初始状态还是一般状态呢？软件会根据状态号自动区分。

(4) 表 4-11 中最后三行是画分支汇合线，需要通过练习来体会掌握画法，软件也会按所画符号位置自动识别为选择或并行分支线。

**表 4-11　功能键输入功能图的符号表**

| 事　项 | | 屏幕显示的符号 | 功能键 | 备　注 |
|---|---|---|---|---|
| 梯形图块 | | 阶梯 m | F8 | m＝阶梯块编号，自动附加 |
| 初始状态 | | Sn | ↑Shift + F4 | S$_n$＝S0～S9。S0～S9 作为初始状态被控制，并且初始初状态取决于状态号 |
| 一般状态 | | Sn | ↑Shift + F4 | Sn＝S10～S899 |
| 跳到(循环) | | ↓跳到 Sn | F6 | Sn＝S0～S899 |
| 跳到(重置) | | ↓重置 Sn | F7 | Sn＝S0～S899 |
| 过渡(过渡状态) | | ＋ | ↑Shift + F5 | 写出过渡条件 |
| 垂直线 | | ｜ | ↑Shift + F9 | 连接两个状态 |
| 水平线 | | ——(选择分支,汇合)<br>——(平行分支,汇合) | F9 | 自动识别为选择或并行分支线,识别结果取决于所写符号位置 |
| 组合符号 | 状态＋过渡 | Sn | F5 | S$_n$＝S10～S899 |
| | 分支汇合 | ⌐ | ↑Shift + F6 | 自动识别为选择或并行分支线,识别结果取决于所写符号位置 |
| | | ⌐ | ↑Shift + F7 | |
| | | ⌐ | ↑Shift + F8 | |

3）功能图符号输入

在功能视窗编辑区中有虚线构成的很多格子，每一个格子从上到下被划分成 5 个区域，如图 4-43 所示。鼠标点击这些区域，当被点击区域变为蓝色时能输入对应的符号。

图 4-43 功能视窗的左下部有 10 个功能键按钮，如图 4-41 所示。其功能同按功能键 F1～F10 一样。

图 4-41　10 个功能键按钮

如果按下 Shift 键不放，将会显示另外 10 个功能按钮，如图 4-42 所示。

图 4-42　另外 10 个功能按钮

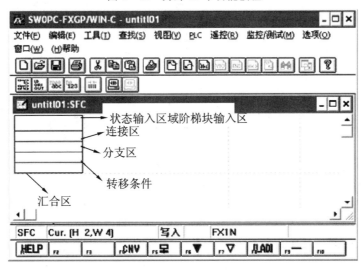

图 4-43　5 个区域

4）区域说明

（1）区域 1：状态输入区（阶梯块输入区），可用状态框 ↑Shift ＋ F4 输入，并可调用菜单命令建立该状态对应的内置梯形图；可用 F8 输入阶梯块符号，并可调用菜单命令建立该阶梯块对应的内置梯形图；还可用 F6 或 F7 输入跳转和重置（Reset）符号。

（2）区域 2：连接区，与下一步骤的连接位置。

（3）区域 3：分支区，可选择分支或并行分支的分支区，此位置可以 ↑Shift ＋ F6 、 ↑Shift ＋ F7 和 ↑Shift ＋ F8 画各种分支汇合线。软件能按所画符号位置自动识别为选择或并行分支线。

（4）区域 4：转移条件位，在此位置可以用 ↑Shift ＋ F5 输入转移条件，并可调用菜单命令建立该转移条件对应的内置梯形图。

（5）区域 5：分支汇合位，并行分支或可选择分支的汇合处，在此位置可以用 ↑Shift ＋F6、↑Shift ＋F7 和 ↑Shift ＋F8 画各种分支汇合线。软件能按所画符号位置自动识别为选择或并行分支线。

5）控制系统功能图的编写

根据图 4-44 所示的流程用状态转移图 SFC 来编写控制系统的功能图。功能图由阶梯块和状态块组成，然后在功能图中画出内置梯形图。

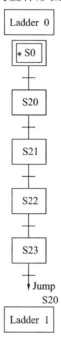

图 4-44　某系统单流程功能图

控制系统功能图的具体画法如下：

（1）它是通过先选中相应的阶梯框、状态框或转移条件后，用菜单命令——视图中内置梯形图来画的，在内置梯形图中要确定状态的负载输出和状态的转移条件。

（2）在选中 Ladder 0 框后（Ladder 0 框变蓝色），用视图菜单命令"视图"→"内置梯形图"画出对应的梯形图，画好后按转换按钮 ，所画梯形图如图 4-45 所示。

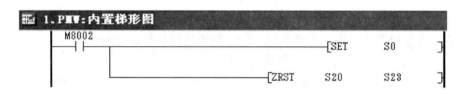

图 4-45　Ladder 0 的内置梯形图

（3）回到功能图窗口，鼠标点击初始状态 S0（注意：功能图中初始状态都是双线框，一般状态都是单线框）框下的横线，用命令——"视图"→"内置梯形图"，画好其内置梯形图，如图 4-46 所示。

图 4-46 S0 与 S20 之间的转移内置梯形图

（4）回到功能图窗口，选中 S20 框，用菜单命令——"视图"→"内置梯形图"，画好相应的内置梯形图，如图 4-47 所示。选中 S20 框下的横线，用同样方法画好其内置梯形图，如图 4-48 所示。

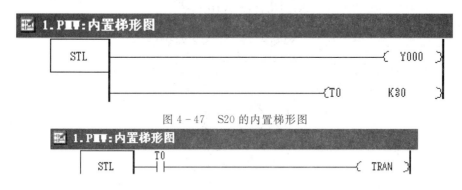

图 4-47 S20 的内置梯形图

图 4-48 S20 与 S21 之间的转移内置梯形图

（5）同样画好 S21～S22 状态步框及其相应的转移的内置梯形图。

（6）回到功能图窗口，选中 Ladder 1 框，用菜单命令——"视图"→"内置梯形图"，画好对应的内置梯形图为 END，如图 4-49 所示。

图 4-49 Ladder 1 的内置梯形图

（7）全部画好后的状态转移图如图 4-44 所示。

按 按钮，可得到相应的步进梯形图，如图 4-37 所示。按 按钮，可得相应的指令表，如表 4-7～表 4-10 所示。

注意：

① 在状态框后建立阶梯框时，FXGP 将自动插入 RET 指令，所以不需要用户输入该指令。

② 每一个状态（包括阶梯框）都有自己的行数，行数最多不能超过 250 行。

③ 每一个状态（包括阶梯框）都有自己的列数，列数最多不能超过 16 列。

通过以上方法将机械手的流程图在计算机上绘制出来。

## 4.3.2 某组合机床控制要求

### 1. 控制要求

某组合钻床用来加工圆盘状零件上均匀分布的 6 个孔，如图 4-50 所示。操作人员放好工件后，按下启动按钮工件被夹紧，夹紧后压力继电器 X1 为 ON，Y1 和 Y3 使两只钻头同时开始向下进给。大钻头钻到由限位开关 X2 设定的深度时，Y2 使它上升，升到由限位开关 X3 设定的起始位置时停止上行。小钻头钻到由限位开关 X4 设定的深度时，Y4 使它上升，升到由限位开关 X5 设定的起始位置时停止上行，同时设定值为 3 的计数器的当前值加 1。两个都到位后，Y5 使工件旋转 1200，旋转结束后又开始钻第二对孔。三对孔都钻完后，计数器的当前值等于设定值 3，转换条件满足。Y6 使工件松开，松开到位后，系统返回初始状态。

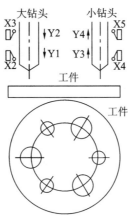

图 4 - 50　某组合机床加工过程示意图

采用 PLC 来控制此任务，PLC 需要 8 个输入点，7 个输出点。输入输出点地址分配见表 4 - 12。

表 4 - 12　PLC 的 I/O 地址分配表

| 输入继电器 | 作　用 | 输出继电器 | 作　用 |
| --- | --- | --- | --- |
| X0 | 启动按钮 | Y0 | 工件夹紧 |
| X1 | 夹紧压力继电器 | Y1 | 大钻下进给 |
| X2 | 大钻下限位开关 | Y2 | 大钻退回 |
| X3 | 大钻上限位开关 | Y3 | 小钻下进给 |
| X4 | 小钻下限位开关 | Y4 | 小钻退回 |
| X5 | 小钻上限位开关 | Y5 | 工件旋转 |
| X6 | 工件旋转限位开关 | Y6 | 工件松开 |
| X7 | 松开到位限位开关 | | |

**2. PLC 编程**

1）状态转移图的编写

图 4 - 51 为机床加工状态转移图，用状态继电器 S 来代表各步，由分析可知，此状态转移图中包含了选择分支和并行分支。如在状态 S21 之后，不但有选择分支的合并，还有一个并行分支。在步 S29 之前，有一个并行分支的合并，还有一个选择分支。在并行分支中，两个子分支中的第一步 S22 和 S25 是同时变为活动步的，两个分支中的最后一步 S24 和 S27 是同时变为不活动步的。因为两个钻头有先有后上升到位，故设置了步 S24 和步 S27 作为等待步，它们用来同时结束两个并行分支。当两个钻头均上升到位，限位开关 X3

和 X5 分别为 0N，大、小钻头两个子分支分别进入两个等待步，并行分支将会立即结束。每钻一对孔计数器 C0 加 1，每钻完三对孔时 C0 的当前值小于设定值，其常闭触点闭合，转换条件 C0 不满足，将从步 S24 和 S27 转换到步 S28。如果已钻完三对孔，C0 的当前值等于设定值，其常开触点闭合，转换条件 C0 不满足，将从步 S24 和 S27 转换到步 S29。

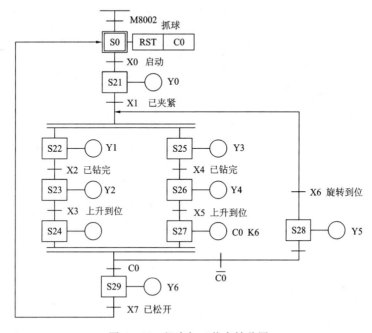

图 4-51 机床加工状态转移图

2）步进梯形图及指令表的编写

图 4-52 为机床加工梯形图程序，图 4-53 为机床加工语句表。

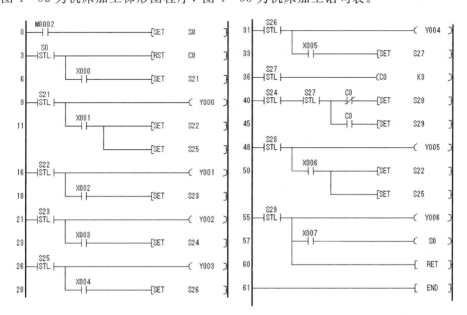

图 4-52 机床加工梯形图程序

LD M8002　初始脉冲

SET S0　初始步

STL S0

RST C0　计数器复位(清零)

LD X0　启动

SET S21　工件夹紧步

STL S21

OUT Y0

LD X1　夹紧

SET S22　并行第一分支

SET S25　并行第二分支

STL S22　并行第一分支输出处理

OUT Y1

LD X2

SET S23

STL S23

OUT Y2

LD X3

SET S24

STL S25　并行第二分支输出处理

OUT Y3

LD X4

SET S26

STL S26

OUT Y4

LD X5

SETS27

STL S27

OUT C0 K3

STL S24　并行分支汇合

STL S27

LDI C0　汇合后选择转移条件一

SET S28

LD C0　汇合后选择转移条件二

SETS29

STL S28　选择第一分支输出处理

OUT Y5

LD X6

SET S22

SET S25

STLS29　选择第二分支输出处理

OUT Y6

LD X7

OUT S0　转移到初始步

RET

END

图4-53　机床加工指令语句表

### 3. 上机实作

上机实作同上。

## 四、质量评价标准

项目质量考核要求及评分标准见表4-13。

**表4-13　项目质量考核要求及评分标准**

| 考核项目 | 考核要求 | 配分 | 评分标准 | 扣分 | 得分 | 备注 |
|---|---|---|---|---|---|---|
| 系统安装 | (1) 会安装元件;<br>(2) 按图完整、正确、规范地接线;<br>(3) 按照要求编号 | 30 | (1) 元件松动扣2分,损坏一处扣4分;<br>(2) 错、漏线每处扣2分;<br>(3) 反圈、压皮、松动,每处扣2分;<br>(4) 错、漏编号,每处扣1分 | | | |
| 编程操作 | (1) 会建立程序新文件;<br>(2) 正确输入梯形图;<br>(3) 正确保存文件 | 40 | (1) 不能建立程序新文件或建立错误扣4分;<br>(2) 输入梯形图错误一处扣2分 | | | |

续表

| 考核项目 | 考核要求 | 配分 | 评分标准 | 扣分 | 得分 | 备注 |
|---|---|---|---|---|---|---|
| 运行操作 | (1) 操作运行系统，分析运行结果；<br>(2) 会监控梯形图；<br>(3) 会验证串行工作方式 | 30 | (1) 系统通电操作错误一步扣3分；<br>(2) 分析运行结果错误一处扣2分；<br>(3) 监控梯形图错误一处扣2分；<br>(4) 验证串行工作方式错误扣5分 | | | |
| 安全生产 | 自觉遵守安全文明生产规程 | | (1) 每违反一项规定，扣3分；<br>(2) 发生安全事故，按0分处理；<br>(3) 漏接接地线一处扣5分 | | | |
| 时间 | 3小时 | | 提前正确完成，每5分钟加2分；<br>超过定额时间，每5分钟扣2分 | | | |
| 开始时间 | | 结束时间 | | 实际时间 | | |

# 练习与思考

1. 画出图4-54所示流程图的梯形图，并写出指令语句表。

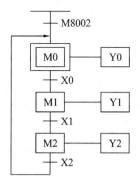

图4-54 流程图

2．将图 4-55 转变成梯形图并写出指令语句表。

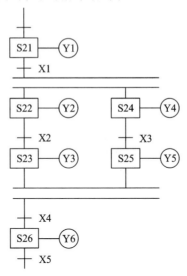

图 4-55  SFC 图

3．如图 4-56 所示：

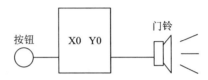

图 4-56  门铃按响示意图

控制要求：按一次按钮，门铃响 2 s，停止 3 s，响 5 次后停止。

试：（1）设计 I/O 口；

（2）绘出 PLC 外部电路接线图；

（3）画出梯形图。

4．有一个指示灯，控制要求如下：按下启动按钮后，亮 5 s，熄灭 3 s，重复 5 次后停止工作。

试：（1）设计 I/O 口；

（2）绘出 PLC 外部电路接线图；

（3）画出梯形图。

5．某工业用洗衣机，其工作顺序如下：启动按钮后给水阀就开始给水；当水满到水满传感器时就停止给水；波轮开始正转 3 s；然后反转 3 s；再正转 3 s…总共转 6 分钟；出水阀开始出水；出水 8 s 后停止出水，同时声光报警器报警，叫工作人员来取衣服；按停止按钮声光报警器停止，并结束整个工作过程。

试：（1）设计 I/O 口；

（2）绘出 PLC 外部电路接线图；

（3）画出梯形图或状态图程序。

# 模块五　功能指令及程序设计

## 一、学习目标

(1) 掌握功能指令的基本格式。

(2) 掌握 FX 系列 PLC 中位元件和字元件的用法。

(3) 掌握常用功能指令的作用和使用方法。

(4) 了解功能指令与基本逻辑指令、步进顺控指令的异同。

## 二、学习任务

### 1. 本模块的基本任务

(1) 能分析较复杂的 PLC 控制系统。

(2) 能熟练应用功能指令编写程序。

(3) 能进行程序的调试。

### 2. 任务流程图

本模块的任务流程图见图 5-1。

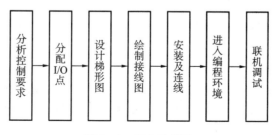

图 5-1　任务流程图

## 三、环境设备

学习本模块所需工具、设备见表 5-1。

表 5-1　工具、设备清单

| 序号 | 分类 | 名称 | 型号规格 | 数量 | 单位 | 备注 |
|---|---|---|---|---|---|---|
| 1 | 工具 | 常用电工工具 | | 1 | 套 | |
| 2 | | 万用表 | MF47 | 1 | 只 | |
| 3 | 设备 | PLC | $FX_{2N}-48MR$ | 1 | 只 | |
| 4 | | LED 灯 | | 若干 | 只 | |

# 5.1　功能指令的格式和使用方法

FX$_{2N}$系列 PLC 除了具有基本逻辑指令、步进指令外，还有 200 多条功能指令。功能指令实际上是许多功能不同的子程序。基本逻辑指令只能完成一个特定动作，而功能指令能完成实际控制中的许多不同类型的操作。

FX$_{2N}$系列 PLC 的 200 多条功能指令按功能不同可分为程序流向控制指令、数据传递与比较指令、算术与逻辑运算指令、数据移位与循环指令、数据处理指令、高速处理指令、方便指令、外部设备通信(I/O 模块、功能模块等)指令、浮点运算指令、定位运算指令、时钟运算指令、触点比较指令等十几大类。对于实际控制中的具体控制对象，选择合适的功能指令可以使编程较仅使用基本逻辑指令快捷方便。

**1. 指令与操作数**

1) 指令

功能框的第一部分是指令,有些功能指令仅使用指令段(FNC 编号),但多数情况下是将其与操作数结合在一起使用。功能指令格式如图 5-2 所示。

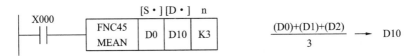

图 5-2　功能指令格式

2) 操作数

功能框的第一段之后都为操作数部分。操作数部分依次由"源操作数"(源)、"目标操作数"(目)和"数据个数"三部分组成,其中:

(1)[S·]:源操作数,指令执行后其内容不改变。源的数量多时,以[S1·]、[S2·]等表示。加上"·"符号表示使用变址方式,默认为无"·",表示不能使用变址方式。

(2)[D·]:目标操作数,指令执行后将改变其内容。在目标数多时,以[D1·]、[D2·]等表示。默认为无"·",表示不能使用变址方式。

(3) M、n:其他操作数,用来表示常数或对源和目标操作数作出补充说明。表示常数时,K 后跟的为十进制数,H 后跟的为十六进制数。

(4) 当功能指令处理 32 位操作数时,则在指令助记符号前加[D]表示。指令前无此符号时,表示处理 16 位数据。

**2. 指令的数据长度与执行形式**

1) 字元件

处理数据的软元件称为字元件,如 T,C,D 等。一个字元件由 16 位的存储单元构成,其最高位(第 15 位)为符号位,第 0~14 位为数值位。字元件构成如图 5-3 所示。

图 5-3　字元件

2) 位元件/位元件组件

只处理 ON/OFF 信息的软元件称为位元件，如 X、Y、M、S 等均为位元件。位元件组合起来后也可以处理数据。

"位元件组件"的组合方法的助记符是：Kn＋最低位的位元件号。如 KnX、KnY、KnM 即是位元件组合，其中"K"表示后面跟的是十进制数，"n"表示 4 位一组的组数。

**例 5.1**　说明 K2M0 表示的位元件组件的含义。

**解**　K2M0 中的"2"表示 2 组 4 位的位元件组成的组件，最低位的位元件号分别是 M0 和 M4。所以 K2M0 表示由 M0～M3 和 M4～M7 两组位元件组成一个 8 位数据，其中 M7 是最高位，M0 是最低位。

**3. 变址操作**

寄存器变址操作的一般规则有：

（1）变址的方法是将变址寄存器 V 和 Z 这两个 16 位的寄存器放在各种寄存器的后面，充当操作数地址的偏移量。

（2）操作数的实际地址就是寄存器的当前值以及 V 或 Z 内容相加后的和。

（3）当源或目标用[S·]或[D·]表示时，就能进行变址操作。

（4）可以用变址寄存器进行变址的软元件有 X、Y、M、S、P、T、C、D、K、H、KnX、KnY、KnM、KnS。

**例 5.2**　求图 5-4 执行加法操作后源和目标操作数的实际地址。

**解**　第一行指令执行 25→V，第二行指令执行 30→Z，所以变址寄存器的值为：V＝25，Z＝30。第三行指令执行(D5V)＋(D15Z)→(D40Z)

[S1·]为 D5V：D(5＋25)＝D30 源操作数 1 的实际地址

[S2·]为 D15Z：D(15＋30)＝D45 源操作数 2 的实际地址

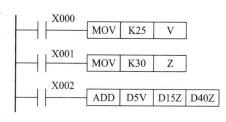

图 5-4　变址操作举例

[D·]为 D40Z：D(40＋30)＝D70 目标操作数的实际地址

所以，第三行指令实际执行(D30)＋(D45)→(D70)，即 D30 的内容和 D45 的内容相加，结果送入 D70 中去。

# 5.2　程序流向控制指令

## 5.2.1　条件跳转指令

**1. 指令格式**

条件跳转指令的格式为

　　FNC00 CJ

其中，CJ 指令的操作数是指针标号，其范围是 P0～P63。

**2. 指令用法**

**例 5.3**　说明图 5-5 的示例中条件跳转指令 CJ 的用法。

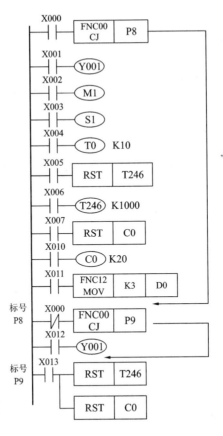

图 5-5　条件跳转指令举例

条件跳转指令用于当跳转条件成立时跳过 CJ 指令和指针标号之间的程序，从指针标号处连续执行，若条件不成立则继续顺序执行，以减少程序执行的扫描时间。

**3. 跳转程序中软组件的状态**

在发生跳转时，被跳过的那段程序中的驱动条件已经没有意义了，所以该程序段中的各种继电器和状态器、定时器等将保持跳转发生前的状态不变。

**4. 跳转程序中标号可多次引用**

标号是跳转程序的入口标识地址，在程序中只能出现一次，同一标号不能重复使用。但是，同一标号可以多次被引用，如图 5-6 所示。

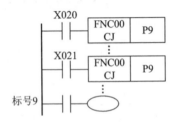

图 5-6　标号可以多次引用

**5. 无条件跳转指令的构造**

PLC 只有条件跳转指令，没有无条件跳转指令。遇到需要无条件跳转的情况，可以用条件跳转来构造无条件跳转指令,最常使用的是 M8000(只要 PLC 处于 RUN 状态,则 M8000 总是接通的)。

无条件跳转指令的构造如图 5-7 所示。

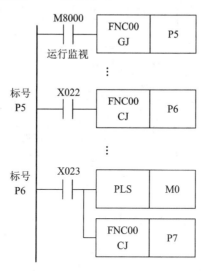

图5-7　无条件跳转指令指令的构造

## 5.2.2　子程序调用和返回指令

### 1. 指令格式

子程序调用和返回的指令编号及助记符如下:

子程序调用功能指令:

　　FNC01 CALL

子程序返回功能指令:

　　FNC02 SRET

指令的目标操作元件是指针号 P0~P62。

### 2. 指令用法

使用指令时需要注意:

(1) CALL 指令必须和 FEND、SRET 一起使用。

(2) 子程序标号要写在主程序结束指令 FEND 之后。

(3) 标号 P0 和子程序返回指令 SRET 间的程序构成了 P0 子程序的内容。

(4) 当主程序带有多个子程序时,子程序要依次放在主程序结束指令 FEND 之后,并用不同的标号相区别。

(5) 子程序标号范围为 P0~P62,这些标号与条件转移中所用的标号相同,而且在条件转移中已经使用了标号,子程序也不能再用。

(6) 同一标号只能使用一次,而不同的 CALL 指令可以多次调用同一标号的子程序。

子程序如图 5-8 所示。

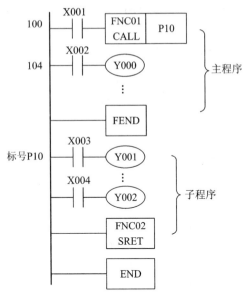

图 5-8　子程序举例

# 5.3　数据传送和比较指令

## 5.3.1　比较指令

**1. 指令格式**

比较指令的指令编号及助记符为：

　　　　FNC10 CMP[S1·][S2·][D·]

其中，[S1·]、[S2·]为两个比较的源操作数；[D·]为比较结果的标志组件，指令中给出的是标志软组件的首地址。

**2. 指令用法**

比较指令 CMP 是将源操作数[S1·]和源操作数[S2·]进行比较，结果送到目标操作数[D·]中，比较结果有三种情况：大于、等于和小于。

CMP 指令可以比较两个 16 位二进制数，也可以比较两个 32 位二进制数，在作 32 位操作时，使用前缀(D)：

　　　　(D)CMP[S1·][S2·][D·]

CMP 指令也可以有脉冲操作方式，使用后缀(P)：

　　　　(D)CMP(P)[S1·][S2·][D·]

只有在驱动条件由 OFF→ON 时进行一次比较。

图 5-9 所示的比较指令标志位操作规则为：

若 K100＞(C20)，则 M0 被置 1；

若 K100＝(C20)，则 M1 被置 1；

若 K100＜(C20)，则 M2 被置 1。

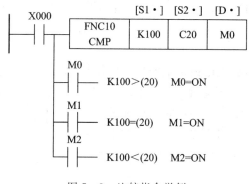

图 5 - 9　比较指令举例

## 5.3.2　区间比较指令

### 1. 指令格式

区间比较指令的指令编号及助记符为：

FNC11 ZCP［S1·］［S2·］［S3·］［D·］

其中，［S1·］和［S2·］为区间起点和终点；［S3·］为另一比较软组件；［D·］为标志软组件，指令中给出的是标志软组件的首地址。

### 2. 指令用法

ZCP 指令是将源操作数［S3·］与［S1·］和［S2·］的内容进行比较，并将比较结果送到目标操作数［D·］中。

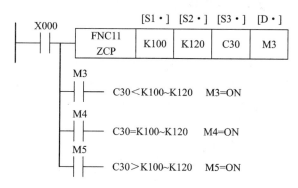

图 5 - 10　区间比较指令 ZCP 指令举例

图 5 - 10 所示的区间比较指令表示：

［S1·］＞［S3·］，即 K100＞C30 的当前值时，M3 接通；

［S1·］≤［S3·］≤［S2·］，即 K100≤C30 的当前值≤K120 时，M4 接通；

［S3·］＞［S2·］，即 C30 的当前值＞K120 时，M5 接通；

使用 ZCP 时，［S2·］的数值不能小于［S1·］。

## 5.3.3　传送指令

### 1. 指令格式

传送指令的指令编号及助记符为

FNC12 MOV［S·］［D·］

其中,[S·]为源数据;[D·]为目标软组件;目标操作数为 T、C、V、Z、D、KnY、KnM、KnS;源操作数的软组件有 T、C、V、Z、D、K、H、KnX、KnY、KnM、KnS。

**2. 指令用法**

传送指令是将源操作数传送到指定的目标操作数,即[S·]→[D·]。

如图 5 - 11 所示,当常开触点 X000 闭合为 ON 时,每扫描到 MOV 指令时,就把存入[S·]源数据中操作数 100(K100)转换成二进制数,再传送到目标操作数 D10 中去;当 X000 为 OFF 时,则指令不执行,数据保持不变。

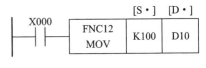

图 5 - 11  传送指令 MOV 举例

# 5.4  循环与移位指令

**1. 指令格式**

循环与移位指令的指令编号及助记符如下

位组件右移指令:

   FNC34 SFTR[S·][D·] n1 n2

位组件左移指令:

   FNC35 SFTL [S·][D·] n1 n2

其中,[S·]为移位的源位组件首地址;[D·]为移位的目位组件首地址;n1 为目位组件个数;n2 为源位组件移位个数;源操作数是 Y、X、M、S;目操作数为 Y、M、S;n1 和 n2 为常数 K 和 H。

**2. 指令用法**

位右移是指源位组件的低位将从目的高位移入,目位组件向右移 n2 位,源位组件中的数据保持不变。位右移指令执行后,n2 个源位组件中的数被传送到了目的高 n2 位中,目位组件中的低 n2 位数从其低端溢出。SFTR 的指令示意图如图 5 - 12 所示。

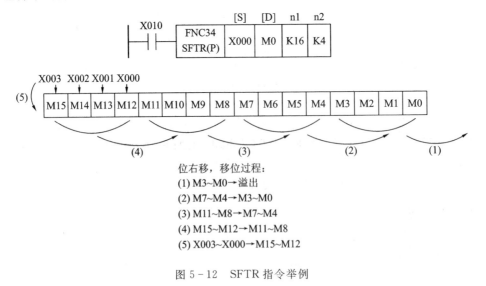

图 5 - 12  SFTR 指令举例

位左移是指源位组件的高位将从目的低位移入，目位组件向左移 n2 位，源位组件中的数据保持不变。位左移指令执行后，n2 个源位组件中的数被传送到了目的低 n2 位中，目位组件中的高 n2 位数从其高端溢出。SFTL 指令的示意图如图 5-13 所示。

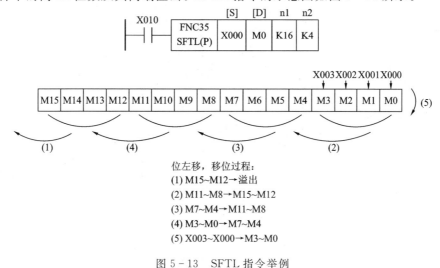

位左移，移位过程：
(1) M15~M12→溢出
(2) M11~M8→M15~M12
(3) M7~M4→M11~M8
(4) M3~M0→M7~M4
(5) X003~X000→M3~M0

图 5-13　SFTL 指令举例

**例 5.4**　有 10 个彩灯接在 PLC 的 Y0~Y11，现要求彩灯开始从 Y0~Y11 每隔 1s 依次点亮，循环进行。

**解**　由于 Y0 到 Y11 依次点亮是由低位移向高位，因此应使用左移位指令 SFTL，如图 5-14 所示；且 n1＝k10、n2＝k1。因为每次只点亮一个灯，所以开始从低位传入一个"1"后，就应该传送一个"0"进去，这样才能保证只有一个灯亮。当这个"1"从高位溢出后，又从低位传入一个"1"进去，如此循环就能达到控制彩灯点亮的要求。

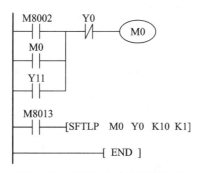

图 5-14　SFTL 指令应用梯形图

# 5.5　功能指令综合应用举例

**1. 项目任务**

某天塔之光的控制面板示意图如图 5-15 所示，合上启动按钮后，装饰灯 L1 到 L7 按以下规律显示：

(1) L1→(2) L1、L2→(3) L1、L3→(4) L1、L4→(5) L1、L5→(6) L1、L2、L4→(7) L1、L3、L5→(8) L1→(9) L2、L3、L4、L5→(10) L6、L7→(11) L1、L6→(12) L1、L7→(13) L1→(14) L1、L2、L3、L4、L5→(15) L1、L2、L3、L4、L5、L6、L7→(16) L1、

L2、L3、L4、L5、L6、L7→ L1

　　……如此循环，周而复始。

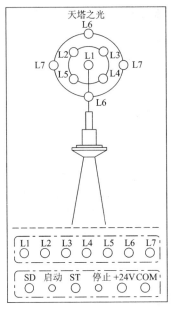

图 5 - 15　天塔之光控制面板示意图

### 2. I/O 分配

表 5 - 2 为天塔之光控制系统 I/O 地址分配。

**表 5 - 2　天塔之光控制系统 I/O 地址分配**

| 输　　入 | | 输　　出 | | 内部编程元件 | |
|---|---|---|---|---|---|
| 启动按钮 SD | X0 | 装饰灯<br>L1～L7 | Y1～Y7 | 定时器 | T0, T1, T2 |
| 停止按钮 ST | X1 | | | 辅助<br>继电器 | M0～M3, M10,<br>M100～M120 |

### 3. 绘制 I/O 图

图 5 - 16 为硬件接线图。

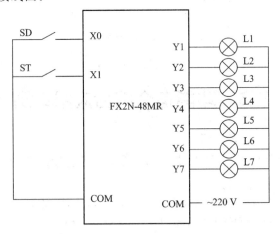

图 5 - 16　硬件接线图

## 4. 控制梯形图

控制梯形图如图 5-17 所示。

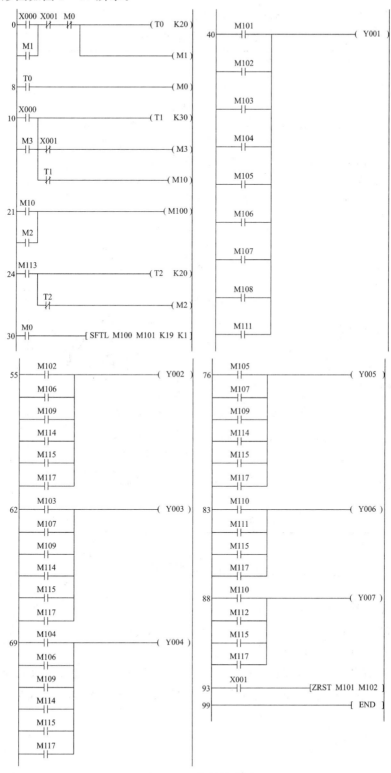

图 5-17　控制梯形图

### 四、质量评价标准

项目质量考核要求及评分标准见表 5-3。

**表 5-3　质量评价表**

| 考核项目 | 考核要求 | 配分 | 评 分 标 准 | 扣分 | 得分 | 备注 |
|---|---|---|---|---|---|---|
| 系统安装 | (1) 会安装元件；<br>(2) 按图完整、正确、规范接线；<br>(3) 按照要求编号 | 30 | (1) 元件松动扣 2 分，损坏一处扣 4 分；<br>(2) 错、漏线每处扣 2 分；<br>(3) 反圈、压皮、松动，每处扣 2 分；<br>(4) 错、漏编号，每处扣 1 分 | | | |
| 编程操作 | (1) 会建立程序新文件；<br>(2) 正确输入梯形图；<br>(3) 正确保存文件 | 40 | (1) 不能建立程序新文件或建立错误扣 4 分；<br>(2) 输入梯形图错误一处扣 2 分 | | | |
| 运行操作 | (1) 操作运行系统，分析运行结果；<br>(2) 会监控梯形图；<br>(3) 会验证串行工作方式； | 30 | (1) 系统通电操作错误一步扣 3 分；<br>(2) 分析运行结果错误一处扣 2 分；<br>(3) 监控梯形图错误一处扣 2 分；<br>(4) 验证串行工作方式错误扣 5 分 | | | |
| 安全生产 | 自觉遵守安全文明生产规程 | | (1) 每违反一项规定，扣 3 分；<br>(2) 发生安全事故，按 0 分处理；<br>(3) 漏接接地线一处扣 5 分 | | | |
| 时间 | 3 小时 | | 提前正确完成，每 5 分钟加 2 分；<br>超过定额时间，每 5 分钟扣 2 分 | | | |
| 开始时间： | | 结束时间： | | 实际时间： | | |

# 练习与思考

1. 什么是功能指令？有何作用？
2. 用 CMP 指令实现下面功能：X0 为脉冲输入，当脉冲数大于 4 时，Y1 为 ON；反之，Y0 为 OFF。请编程实现此功能。
3. 某啤酒瓶自动生成线需记录每小时生产瓶子的数量，假定每两瓶之间有一定的间隔，将一天 24 小时中的每小时生产瓶子的数量分别记于 D1～D24 单元中。

# 模块六　项目应用

## 项目1　PLC 控制通风机监控系统

### 一、学习目标

(1) 进一步掌握定时器 T 和辅助继电器 M 的应用。

(2) 分析脉冲发生器梯形图的工作原理，并掌握其应用方法。

(3) 认识脉宽调制指令 PWM 的用法。

(4) 独立完成 PLC 控制通风机监控系统梯形图的设计、调试与监控。

### 二、学习任务

**1. 项目任务**

本项目的任务是：设计一个通风机监控系统监控三个通风机的运行情况。

要求：两个或两个以上通风机运转：信号灯持续亮；一个通风机运转：信号灯以 0.5 Hz 频率闪烁；三个通风机都不运转：信号灯以 2 Hz 频率闪烁。

**2. 任务流程图**

本项目的任务流程图见图 6-1。

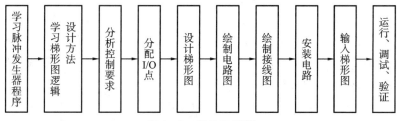

图 6-1　任务流程图

### 三、环境设备

学习本项目所需工具、设备见表 6-1。

表 6-1　工具、设备清单

| 序号 | 分类 | 名称 | 型号规格 | 数量 | 单位 | 备注 |
|---|---|---|---|---|---|---|
| 1 | 工具 | 常用电工工具 | | 1 | 套 | |
| 2 | | 万用表 | MF47 | 1 | 只 | |
| 3 | 设备 | PLC | FX$_{2N}$-48MR | 1 | 只 | |
| 4 | | 主令开关 | | 1 | 只 | |
| 5 | | 指示灯 | | 1 | 只 | |
| 6 | | 速度继电器 | JY-1 | 3 | 台 | |
| 7 | | 连接导线 | | 若干 | 根 | |

### 四、背景知识

#### 1. 脉冲发生器电路

PLC 要产生一定周期的脉冲信号，一般采用两种方法来实现：一种是利用 PLC 内部的特殊辅助继电器 M8011(10 ms)、M8012(100 ms)、M8013(1 s)、M8014(1 min)来产生固定的脉冲信号；另一种可以通过脉冲发生器电路来实现，它可以根据需要设计出各种周期和脉冲宽度的脉冲信号，使用比较灵活，在实际应用中经常使用其作为程序的脉冲信号发生器。

1) 周期可调的脉冲信号发生器

如图 6-2 所示采用定时器 T0 产生一个周期可调节的连续脉冲信号，当 X0 常开触点闭合后，第一次扫描到 T0 常闭触点时，它是闭合的，于是 T0 线圈得电，经过 1 s 的延时，T0 常闭触点断开。T0 常闭触点断开后的下一个扫描周期中，当扫描到 T0 的常闭触点时，因它已断开，使 T0 线圈失电，T0 的常闭触点又随之恢复闭合。这样，在下一个扫描周期扫描到 T0 常闭触点时，又使 T0 线圈得电。重复以上动作，T0 的常开触点连续闭合、断开，就产生了脉宽为一个扫描周期、脉冲周期为 1s 的连续脉冲。改变 T0 的设定值，就可改变脉冲周期。

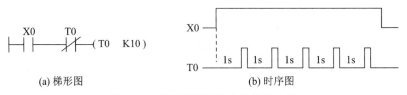

(a) 梯形图　　　　　　　　　　(b) 时序图

图 6-2　周期可调的脉冲信号发生器

2) 占空比可调的脉冲信号发生器

如图 6-3 所示为采用定时器 T0 和 T1 来实现占空比为 2∶3 的脉冲信号发生器，其脉冲周期为 5 s。当 X0 闭合后，T0 线圈得电开始计时；计时 3 s 后，T0 常开触点闭合，T1 线圈得电开始计时；计时 2 s 后，T1 的串联在第一逻辑行的常闭触点断开，使 T0 线圈失电复位，T0 常开触点断开，T1 线圈失电复位，T1 的常闭触点闭合，一个周期结束。在一个周期中，T0 的常开触点闭合 2 s，断开 3 s，而 T1 的常闭触点只断开一个扫描周期，其时序图如图 6-3(b) 所示。在实际应用中，根据需要可通过改变 T1 的时间常数来改变输出脉冲的宽度；同样可通过改变 T0 和 T1 的时间常数的比例来改变输出脉冲的占空比及输出脉冲周期。在图 6-3(a) 中只要 X0 闭合，脉冲电路就一直循环工作，直到 X0 断开，脉冲信号发生器才停止工作。

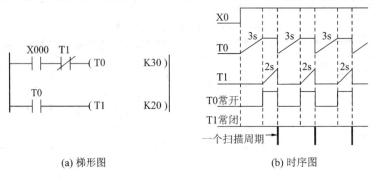

(a) 梯形图　　　　　　　　　　(b) 时序图

图 6-3　占空比可调的脉冲信号发生器

**2. 通风机监控系统的梯形图设计**

1) 梯形图的组合逻辑设计方法

数字电路分为组合逻辑电路和时序逻辑电路。组合逻辑电路即输出与输入的现况有关，而与输入的历史情况无关的电路，如译码器等；而时序电路的输出不仅与输入的现况有关，而且还与输入的历史状况有关，如计数器等。数字电路中的每一个变量的取值只有两种："0"或"1"，它是典型的"布尔逻辑系统"。而 PLC 内的各种软元件的取值也只有"0"或"1"两种取值，所以我们可以用数字电路的设计方法来设计 PLC 程序。

(1) 组合逻辑设计法的基本步骤如下：

① 根据控制功能，分析设计要求，设计真值表，把功能抽象为输入与输出之间对应的逻辑关系。

② 依据真值表列出逻辑表达式；

③ 表达式化简；

④ 根据化简后的表达式画出梯形图；

⑤ 添加特殊要求的程序；

⑥ 上机调试程序，进行修改和完善。

(2) 表达式的设计主要分触点变量设计和触点代数运算设计两部分。

• 触点变量：继电电路常用到触点，触点变量就是反应触点状态的逻辑量。仅有两个取值"1"或"0"，"1"代表通，"0"代表断。

在一个电路中，同名器件有时用它的常开触点，有时用它的常闭触点。常开触点没有外作用时是断开的，有外作用时是接通的，直接用变量名命名，如 X0。常闭触点没用外作用时是接通的，有外作用时是断开的，用变量名加一小横线命名，如 $\overline{X0}$。

PLC 的梯形图没有实际触点，用的是操作数"位"。直接用它，相当于使用常开触点。用它的"非"，相当于使用常闭触点。

• 触点代数运算：触点代数是用指定运算反映触点间的连接。触点并联的运算是"或"运算，对应梯形图指令就是"OR"。触点串联的运算是"与"运算，对应梯形图指令就是"AND"。触点串联后的并联，则是乘后和；并联后的串联，则是和后乘。为了明确运算顺序，可使用成对的括号，括号内的运算优先。还有"非"的运算，也叫求反。以上同名变量的常开、常闭触点间就是"非"的关系。对常开触点求反，即变为常闭触点；对常闭触点求反即变为常开触点。

(3) 表达式与梯形图对应关系：有了上述约定，梯形图与触点代数表达式之间就有了一一对应关系，如图 6-4 所示。

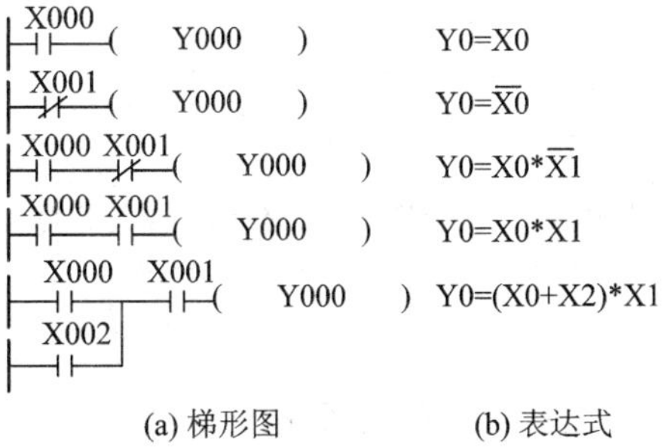

```
    X000
    ├──┤├──( Y000 )          Y0=X0
    X001
    ├──┤/├──( Y000 )          Y0=X̄0
    X000 X001
    ├──┤├──┤/├──( Y000 )      Y0=X0*X̄1
    X000 X001
    ├──┤├──┤├──( Y000 )       Y0=X0*X1
     X000   X001
    ├──┤├──┬──┤├──( Y000 )    Y0=(X0+X2)*X1
     X002  │
    ├──┤├──┘
```

(a) 梯形图        (b) 表达式

图 6-4 表达式与梯形图对应关系

（4）组合逻辑设计举例。

**例 6.1** 设计三个钮子开关控制一个灯的逻辑。要求：有三处安装有钮子开关，任何一处均可改变灯的状态（如果灯亮，可使其灭；如果灯灭，可使其亮。）

**解** ① 设计真值表（分析设计要求）。

设三个开关分别为 SA1、SA2、SA3，分别与 PLC 的 X0、X1、X2 端相连；灯为 L1，与 PLC 的 Y0 端相连。每个开关都有两种状态：通（1）或断（0）；三个开关组合有 8 种。把这 8 种组合分成两组：奇数组和偶数组，使任何一个开关状态的改变，都将组合从一组改变到另一组。如果设置其中一组使灯亮，那么另一组就使灯灭。

由以上分析可列出三个钮子开关控制一个灯的真值表，如表 6-2 所示。

**表 6-2 三个钮子开关控制一个灯的真值表**

| | 开关 | | | 灯 |
|---|---|---|---|---|
| | SA1(X0) | SA2(X1) | SA3(X2) | L1(Y0) |
| 奇数组 | 1 | 1 | 1 | 1 |
| | 1 | 0 | 0 | 1 |
| | 0 | 1 | 0 | 1 |
| | 0 | 0 | 1 | 1 |
| 偶数组 | 1 | 0 | 1 | 0 |
| | 1 | 1 | 0 | 0 |
| | 0 | 1 | 1 | 0 |
| | 0 | 0 | 0 | 0 |

② 写出表达式：

$$Y0 = Y0X1X2 + X0\,\overline{X1}\,\overline{X2} + \overline{X0}X1\,\overline{X2} + X0\,\overline{X1}X2$$

③ 画出梯形图：根据表达式画出梯形图，如图 6-5 所示。

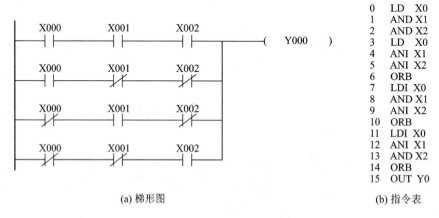

```
0   LD   X0
1   AND  X1
2   AND  X2
3   LD   X0
4   ANI  X1
5   ANI  X2
6   ORB
7   LDI  X0
8   AND  X1
9   ANI  X2
10  ORB
11  LDI  X0
12  ANI  X1
13  AND  X2
14  ORB
15  OUT  Y0
```

(a) 梯形图　　　　　　　　　　(b) 指令表

图 6-5 三个钮子开关控制一个灯程序

2）项目实现

（1）功能分析。

在本项目中反映每台风机运行状态的信号是 PLC 的输入信号，要用 PLC 的输出信号来控制指示灯的亮、灭。其中输出信号有三种状态：信号灯持续；信号灯以 0.5 Hz 频率闪烁；信号灯以 2 Hz 频率闪烁。分别用中间辅助继电器 M0、M1、M2 来表示。由以上分析可得出通风机监控系统梯形图设计方案如图 6-6 所示。

本项目中还需要一个控制开关来控制监控系统的启停。

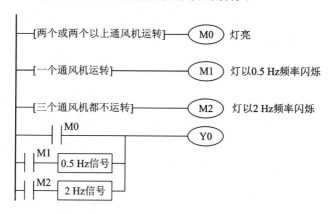

图 6-6　通风机监控系统梯形图设计方案

（2）I/O 分配。

根据对本项目的功能分析，列出 I/O 分配表，如表 6-3 所示。

**表 6-3　通风监控系统 I/O 分配表**

| 输　入 | | | 输　出 | | |
|---|---|---|---|---|---|
| 元件代号 | 功　能 | 输入点 | 元件代号 | 功　能 | 输出点 |
| SA1 | 控制开关 | X0 | | | |
| 速度继电器 KS1 常开触点 | 1# 风机运行监控 | X1 | | | |
| 速度继电器 KS2 常开触点 | 2# 风机运行监控 | X2 | HL1 | 运行状态指示灯 | Y0 |
| 速度继电器 KS3 常开触点 | 3# 风机运行监控 | X3 | | | |

（3）真值表。

真值表如表 6-4 所示，对输入信号而言，"0"表示通风机停止，"1"表示通风机运转；对输出状态而言，"0"表示该状态无效，"1"表示该状态有效。

（4）表达式。

由真值表可写出输出的表达式。两个或两个以上通风机运转时的状态输出表达式为：

$$M0 = \overline{X1}X2X3 + X1\overline{X2}X3 + X1X2\overline{X3} + X1X2X3$$

一个通风机运转时的状态输出表达式为：

$$M1 = \overline{X1}\,\overline{X2}X3 + \overline{X1}X2\,\overline{X3} + X1\overline{X2}\,\overline{X3}$$

三个通风机都不运转时的状态输出表达式为：

$$M2 = \overline{X1}\,\overline{X2}\,\overline{X3}$$

表 6-4　通风机监控系统真值表

| 输　入 | | | 状态输出 | | |
|---|---|---|---|---|---|
| X1 | X2 | X3 | M0 | M1 | M2 |
| 0 | 0 | 0 | 0 | 0 | 1 |
| 0 | 0 | 1 | 0 | 1 | 0 |
| 0 | 1 | 0 | 0 | 1 | 0 |
| 0 | 1 | 1 | 1 | 0 | 0 |
| 1 | 0 | 0 | 0 | 1 | 0 |
| 1 | 0 | 1 | 1 | 0 | 0 |
| 1 | 1 | 0 | 1 | 0 | 0 |
| 1 | 1 | 1 | 1 | 0 | 0 |

（5）系统梯形图的设计。

根据通风机的状态输出表达式画出对应的三种状态的梯形图，如图 6-7 所示。0.5 Hz 信号（周期为 T＝1/f＝2 s）梯形图程序的设计如图 6-8 所示。2 Hz（周期为 0.5 s）信号梯形图程序的设计如图 6-9 所示。把以上梯形图组合起来，再加上控制开关即构成本项目的梯形图，如图 6-10 所示。指令语句表如表 6-5 所示。

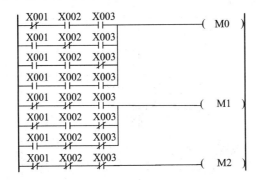

图 6-7　通风机的状态输出梯形图

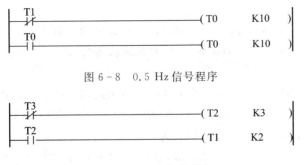

图 6-8　0.5 Hz 信号程序

图 6-9　2 Hz 信号程序

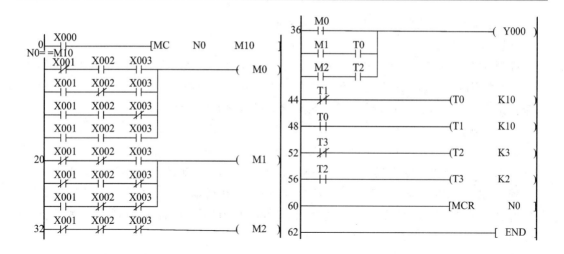

图 6 - 10　通风机监控系统梯形图

### 表 6 - 5　通风机监控系统指令表

| 程序步 | 指令 | 元件号 | 程序步 | 指令 | 元件号 | 程序步 | 指令 | 元件号 |
|---|---|---|---|---|---|---|---|---|
| 0 | LD | X000 | 20 | LDI | X001 | 38 | AND | T0 |
| 1 | MC | N0 M10 | 21 | ANI | X002 | 39 | ORB | |
| 4 | LDI | X001 | 22 | AND | X003 | 40 | LD | M3 |
| 5 | AND | X002 | 23 | LDI | X001 | 41 | AND | T2 |
| 6 | AND | X003 | 24 | AND | X002 | 42 | ORB | |
| 7 | LD | X001 | 25 | ANI | X003 | 43 | OUT | Y0 |
| 8 | ANI | X002 | 26 | ORB | | 44 | LDI | T1 |
| 9 | AND | X003 | 27 | LD | X001 | 45 | OUT | T0 K10 |
| 10 | ORB | | 28 | ANI | X002 | 48 | LD | T0 |
| 11 | LD | X001 | 29 | ANI | X003 | 49 | OUT | T1 K10 |
| 12 | AND | X002 | 30 | ORB | | 52 | LDI | T3 |
| 13 | ANI | X003 | 31 | OUT | M1 | 53 | OUT | T2 K3 |
| 14 | ORB | | 32 | LDI | X001 | 56 | LD | T2 |
| 15 | LD | X001 | 33 | ANI | X002 | 57 | OUT | T3 K2 |
| 16 | AND | X002 | 34 | ANI | X003 | 60 | MCR | N0 |
| 17 | AND | X003 | 35 | OUT | M2 | 62 | END | |
| 18 | ORB | | 36 | LD | M0 | | | |
| 19 | OUT | M0 | 36 | LD | M1 | | | |

（6）系统程序功能分析。

· 启动与停止。

控制开关 SA1 闭合，使 X0 常开触点闭合，MC 指令的执行条件成立，PLC 执行 MC 与 MCR 之间的程序，系统启动。控制开关 SA1 断开，使 X0 常开触点断开，MC 指令的执行条件不成立，PLC 停止执行 MC 与 MCR 之间的程序，系统停止工作。

· 状态输出。

系统启动后，当监控到三台通风机都不运行时，这时速度继电器 KS1、KS2、KS3 的常开触点都断开，使输入断电器 X1、X2、X3 不动作，常闭触点处于闭合状态，M2 输出有效，M2 的常开触点闭合，另 2 Hz 信号程序在系统启动后就处于工作状态，使定时器 T2 的常开触点闭合 0.2 s，断开 0.3 s，此时 Y0 输出 2 Hz 信号，从而驱动运行状态指示灯 L1 以 2 Hz 的频率闪烁，指示三台通风机都未运行。

当只有一台通风机运行时，KS1、KS2、KS3 中的其中一个速度继电器的常开触点肯定处于闭合状态，从而使对应 PLC 的输入继电器的常开触点闭合，M1 输出有效，M1 的常开触点闭合，另 0.5 Hz 信号程序在系统启动后就处于工作状态，使定时器 T0 的常开触点闭合 1 s，断开 1 s，此时 Y0 输出 0.5 Hz 信号，驱动运行状态指示灯 L1 以 0.5 Hz 的频率闪烁，指示现在只有一台通风机运行。

当监控到有两台或两台以上的通风机运行时，辅助继电器 M0 有效，使 M0 的常开触点闭合，从而驱动 Y0 输出，指示灯 L1 常亮，指示现在有两台或两台以上的通风机在运行。

（7）系统电路图。

图 6-11 是通风机监控系统电路图，其电路组成及元件功能见表 6-6。

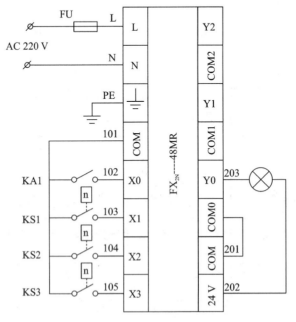

图 6-11　通风机监控系统电路图

表 6 – 6　通风机监控系统电路组成及元件功能

| 序号 | 电路名称 | | 电路组成 | 元 件 功 能 | 备注 |
|------|----------|----|----------|-------------|------|
| 1 | 电源电路 | | FU | 作负载短路保护用 | |
| 2 | 控制电路 | PLC 输入电路 | SA1 | 作程序的启/停控制 | |
| 3 | | | KS1 | 作 1♯ 风机运行监控开关 | |
| 4 | | | KS2 | 作 2♯ 风机运行监控开关 | |
| 5 | | | KS3 | 作 3♯ 风机运行监控开关 | |
| 6 | | PLC 输出电路 | HL1 | 作风机运行状态指示 | |

**五、操作指导**

**1. 绘制接线图**

根据电路图 6 – 11 绘制接线图，参考接线图如图 6 – 12 所示。

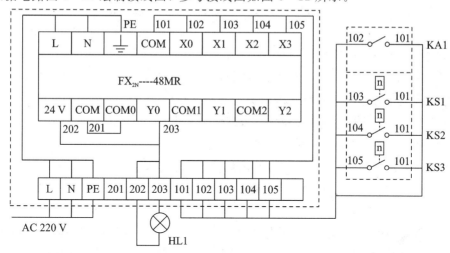

图 6 – 12　通风机监控系统参考接线图

**2. 安装电路**

安装电路步骤为：

1）检查元器件

根据表 6 – 6 配齐元器件，检查元件的规格是否符合要求，检测元件的质量是否完好。在本项目中需要检测的元器件有钮子开关、DC24V 开关电源、PLC、指示灯，对它们的检测方法在前面已讲到，这里就不再一一讲述。

将对元器件的检查填入表 6 – 7 中。

表 6 - 7 元件检测记录表

| 序号 | 检测任务 | | 正确阻值 | 测量阻值 | 备注 |
|---|---|---|---|---|---|
| 1 | 钮子开关 | 触点断开 | ∞ | | |
| | | 触点闭合 | 0 | | |
| 2 | PLC | 输入：常态时，测量所用输入点 X 与公共端子 COM 之间的阻值 | ∞ | | |
| | | 输出：常态时，测量所用输入点 Y 与公共端子 COM 之间的阻值 | ∞ | | |
| 3 | 熔断器 | 测量熔管的阻值 | 0 | | |
| 4 | 速度继电器 | 触点闭合 | 0 | | |
| | | 触点断开 | ∞ | | |
| 6 | 指示灯 | 测量灯丝电阻 | $\ll\infty$ | | |

2）固定元器件

按照绘制的接线图，参考图 6 - 12 固定元件。

3）连接导线

根据系统图先对连接导线用号码管进行编号，再根据接线图用已编号的导线进行连线。注意在连线时，如用软线应对导线线头进行绞紧处理。

4）检查电路连接

线路连接好后，再对照系统图或安装图认真检查线路是否连接正确，然后再用万用表欧姆挡测试电源输入端和负载输出端是否有短路现象。

**3. 输入梯形图**

在这里要指出的是，在画梯形图时，串联在母线上的触点 M10（嵌套级为 N0）可以不必画，待全部梯形图画好后，只要用"转换"命令转换后，梯形图将变为标准图。

**4. 通电调试、监控系统**

当程序写入 PLC 后，按照设计要求可用 FXGP 来调试 PLC 程序。如果有问题，可以通过 FXGP 提供的调试工具来确定问题所在。

**5. 运行结果分析**

运行结果如表 6 - 8 所示。

SA1 是控制开关，它闭合时就启动风机监控系统，而 KS1、KS2、KS3 都断开，则表示三台风机都处于停机状态，此时信号指示灯以 2 Hz 的频率闪烁；SA1 闭合，KS1、KS2、KS3 中任意一个闭合，表示此时只一台风机处于运行状态，信号指示灯将以 0.5HZ 的频率闪烁；SA1 闭合，KS1、KS2、KS3 中两个或两个以上闭合，表示此时有两台或两台以上的风机处于运行状态，信号指示灯将长亮。

表 6-8 结果分析

| 操作步骤 | 操作内容 | 负载 | 观察结果 | 正确结果 |
|---|---|---|---|---|
| 1 | KA1 闭合，KS1、KS2、KS3 断开 | 状态指示灯 | | 指示灯以 2 Hz 的频率闪烁 |
| 2 | SA1 闭合，KS1、KS2、KS3 任意一个闭合 | | | 指示灯以 0.5 Hz 的频率闪烁 |
| 3 | SA1 闭合，KS1、KS2、KS3 其中两个或两个以上闭合 | | | 指示灯长亮 |

**6. 操作要点**

操作时要注意：

（1）利用主控触点指令实现系统的启停控制。

（2）在设计梯形图时，按状态设计，然后再将各状态输出并联后去驱动负载输出；把脉冲程序看成是特殊程序添加在梯形图中，这样设计的梯形图就变得清晰、可读。

（3）梯形图在调试过程中容易出现，输出该以 0.5 Hz 显示，而以 2 Hz 的频率显示，这是脉冲程序的输出触点 T0、T2 在设计时把位置颠倒了，这时只需把 T0、T2 串联在 M1、M2 中的触点对调就可以了。

## 六、质量评价标准

项目质量考核要求及评分标准见表 6-9。

表 6-9 质量评价表

| 考核项目 | 考核要求 | 配分 | 评分标准 | 扣分 | 得分 | 备注 |
|---|---|---|---|---|---|---|
| 程序设计 | （1）能利用组合逻辑设计法设计风机监控程序；<br>（2）能完成脉冲程序的设计 | 20 | （1）输入/输出地址遗漏或写错，每处扣 2 分；<br>（2）梯形图表达不正确或画法不规范，每处扣 2 分；<br>（3）指令有错，每条扣 2 分 | | | |
| 系统安装 | （1）会安装元件；<br>（2）按图完整、正确、规范接线；<br>（3）按照要求编号 | 30 | （1）元件松动扣 2 分，损坏一处扣 4 分；<br>（2）错、漏线每处扣 2 分；<br>（3）错、漏编号，每处扣 1 分 | | | |
| 编程操作 | （1）会建立程序新文件；<br>（2）正确输入梯形图；<br>（3）正确保存文件 | 20 | （1）不能建立程序新文件或建立错误扣 4 分；<br>（2）输入梯形图错误一处扣 2 分 | | | |

续表

| 考核项目 | 考核要求 | 配分 | 评分标准 | 扣分 | 得分 | 备注 |
|---|---|---|---|---|---|---|
| 运行操作 | (1) 操作运行系统,分析运行结果;<br>(2) 会监控梯形图 | 20 | (1) 系统通电操作错误一步扣3分;<br>(2) 分析运行结果错误一处扣2分;<br>(3) 监控梯形图错误一处扣2分;<br>(4) 验证串行工作方式错误扣5分 | | | |
| 安全生产 | 自觉遵守安全文明生产规程 | 10 | (1) 每违反一项规定,扣3分;<br>(2) 发生安全事故,0分处理;<br>(3) 漏接接地线一处扣5分 | | | |
| 时间 | 2 小时 | | 提前正确完成,每5分钟加2分;<br>超过定额时间,每5分钟扣2分 | | | |
| 开始时间: | | 结束时间: | | 实际时间: | | |

## 七、拓展与提高

### 1. 脉冲输出指令 PLSY

1) 指令格式

脉冲输出指令格式为:

　　　　FNC57 PLSY [S1·][S2·][D·]

指令概述如表 6-10 所示。

**表 6-10　脉冲输出指令概述**

| 指令名称 | 助记符 | 指令代码 | 操作数 | | | 程序步 |
|---|---|---|---|---|---|---|
| | | | S1 | S2 | D | |
| 脉冲输出指令 | PLSY | FNC57 | K、H<br>KnX、KnY、KnM、KnS<br>T、C、D<br>V、Z | Y0 或<br>Y1 | PLSY 7 步<br>DPLSY 13 步 | |

2) 指令说明

[S1·]:用于指定输出脉冲的频率,频率范围 1～1000 Hz。

[S2·]:用于指定需要输出的脉冲个数。16 位数据操作时,指定范围 1～32 767;32 位数据操作时,指定范围 1～2 147 483 647;若指定脉冲个数为"0"时,则产生无穷多个脉冲。

[D·]:用于指定脉冲输出的元件地址 Y0 或 Y1。

3) 举例

指令的示例梯形图如图 6-13 所示,对应的指令为:PLSY K1000 D0 Y000。

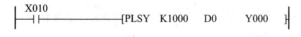

图 6-13　脉冲输出指令 PLSY 举例

如果 X010 接通时,执行脉冲输出指令,若 D0 中的数值为 100,则输出继电器 Y000

将输出 100 个频率为 1000 Hz、占空比为 50% 的脉冲信号。当输出脉冲达到 D0 指定的脉冲个数（100 个）时，停止脉冲输出，同时使完成标志 M8029 置 1；当驱动条件 X010 断开时，M8029 复位。

如果指令执行途中 X010 断开，Y000 将立即变为 OFF，脉冲输出立即停止；X010 再次接通时，输出脉冲将从头开始计算。

当 X010 接通时，如果改变[S1·]中的值，Y000 的输出频率可立即得到改变；而脉冲个数[S2·]的改变要等到下一次指令执行时才能变为有效，也就是说在 X010 接通时，如果改变了[S2·]中的值，在本次执行时，不会改变脉冲个数的输出，而要由 X010 由接通变为断开后再接通才有效，才能改变 Y000 输出脉冲的个数。

注意：PLSY 指令在一个程序中只能出现一次。

**2. 脉宽调制指令 PWM**

1）指令格式

脉宽调制指令的格式为：

　　　FNC58 PWM [S1·][S2·][D·]

指令概述如表 6-11 所示

**表 6-11　脉宽调制输出指令概述**

| 指令名称 | 助记符 | 指令代码 | 操作数 | | | 程序步 |
| --- | --- | --- | --- | --- | --- | --- |
| | | | S1 | S2 | D | |
| 脉宽调制输出指令 | PWM | FNC58 | K、H KnX、KnY、KnM、KnS T、C、D V、Z | | Y0 或 Y1 | PWM 7 步 |

2）指令说明

[S1·]：用于指定输出脉冲的宽度，单位是 ms，指定范围是 1～32 767。

[S2·]：用于指定输出脉冲的周期，单位是 ms，指定范围是 1～32 767。

[D·]：用于指定脉冲输出的元件地址 Y0 或 Y1。

3）举例

指令的示例梯形图如图 6-14 所示，对应的指令为：PWM K1000 K3000 Y000。

图 6-14　脉宽调制输出指令 PWM 举例

当 X0 接通时，执行脉宽调制输出指令 PWM，Y0 将输出周期为 3 s、脉冲宽度为 1 s 的脉冲信号，当 X0 断开时，Y0 也终止输出脉冲信号。该指令的时间设定值[S1]≤[S2]，脉冲宽度可以任意调节。

注意：PWM 指令在一个程序中只能使用一次。

**3. 带加减速的脉冲输出指令 PLSR**

1）指令格式

带加减速的脉冲输出指令格式为：

FNC59 PLSR [S1·][S2·][S3·][D·]

指令概述如表 6 - 12 所示。

表 6 - 12　脉宽调制输出指令概述

| 指令名称 | 助记符 | 指令代码 | 操作数 | | | | 程序步 |
| --- | --- | --- | --- | --- | --- | --- | --- |
| | | | S1 | S2 | S3 | D | |
| 带加减速的脉冲输出指令 | PLSR | FNC59 | K、H<br>KnX、KnY、KnM、KnS<br>T、C、D<br>V、Z | | | Y0 或 Y1 | PLSR 7 步<br>DPLSR 17 步 |

2）指令说明

[S1·]：用于指定输出脉冲的最高输出频率，单位是 Hz。

[S2·]：用于指定输出脉冲的个数。16 位数据操作时，指定范围 110～32 767；32 位数据操作时，指定范围 110～2 147 483 647。

[S3·]：用于指定输出脉冲频率的加减速时间，单位是 ms。其值应满足公式：(90000/[S1]) * 5≤[S3]≤([S2]/[S1]) * 818，最大不能超过 5000 ms。

[D·]：用于指定脉冲输出的元件地址 Y0 或 Y1。

3）举例

指令的示例梯形图如图 6 - 15 所示，对应的指令为：PLSR K500 K5000 K3600 Y000。

图 6 - 15　带加减速的脉冲输出指令 PLSR 举例

当 X0 接通时，执行带加减速的脉冲输出指令 PLSR，Y0 将输出 5000 个脉冲频率经过 3600 ms 的加速后输出频率为 500 Hz 的脉冲信号，当输出脉冲到达 5000 个时，Y0 的输出将由最高频率经过 3600 ms 的减速后变为 0。要重新执行 PLSR 指令，必须断开 X0 后再合上。当 PLSR 指令在执行过程中断开 X0，Y0 的输出将由最高频率经过 3600 ms 的减速后变为 0。

注意：① PLSR 指令在一个程序中只能使用一次。

② PLSR 指令采用 10 级变频调速方式实现输出频率的加减速控制，如图 6 - 15 中输出频率的最高频率的为 500 Hz，则从 0 开始每变一次速将增加 50 Hz 的频率，经过 10 级变速后 Y0 的输出频率为 500 Hz。

**八、项目拓展**

（1）试设计一个程序，使 Y5 输出频率为 10 Hz 的方波信号。

（2）试设计一个三人表决程序。控制要求：有三人参与表决，当有两个或两个以上的人同意时，表决通过。

（3）试设计一个比较逻辑程序。控制要求：已知有 A、B 两组开关，每组分别有 3 个开关，试编写程序比较两组开关的状态是否一致。

（4）设计一个通风机监视系统监视 4 个通风机的运行情况。控制要求：3 台或 3 台以上通风机运转：绿灯常亮；2 台通风机运转：绿灯以 5 Hz 频率闪烁；1 台通风机运转：红灯以 5 Hz 频率闪烁；全部停机时：红灯常亮。

# 项目 2　自动售货机系统

## 一、学习目标

（1）分析自动售货机控制系统的工作过程。

（2）熟悉各种算术运算指令的基本用法。

（3）完成自动售货机的梯形图的设计、调试与监控及其线路的连接。

## 二、学习任务

### 1. 项目任务

自动售货机结构图如图 6 - 16 所示，控制要求为：

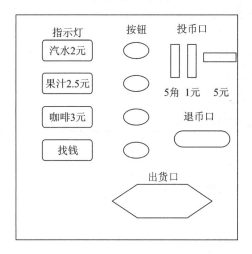

图 6 - 16　自动售货机结构图

（1）该自动售货机可以同时投入 5 角、1 元或 5 元纸币，自动销售汽水、果汁和咖啡。

（2）当投入的硬币总值等于或超过 2 元时，汽水按钮指示灯亮；当投入的硬币总值等于或超过 2.5 元时，汽水按钮和果汁按钮同时亮；当投入的硬币总值等于或超过 3 元时，汽水按钮、果汁按钮和咖啡按钮同时亮。

（3）当汽水按钮灯亮时，按汽水按钮，则汽水会滚出到取货槽。

（4）当果汁按钮灯亮时，按果汁按钮，则果汁会滚出到取货槽。

（5）当咖啡按钮灯亮时，按咖啡按钮，则咖啡会滚出到取货槽。

（6）若投入的硬币总值超过所购商品的价格（汽水 2 元、果汁 2.5 元、咖啡 3 元），则找钱指示灯亮，同时进行找钱动作。

### 2. 任务流程图

本项目的任务流程图见图 6 - 17。

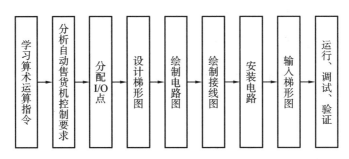

图 6-17　任务流程图

### 三、环境设备

本模块学习所需工具、设备见表 6-13。

表 6-13　工具、设备清单

| 序号 | 分类 | 名　称 | 型　号　规　格 | 数量 | 单位 | 备注 |
|---|---|---|---|---|---|---|
| 1 | 工具 | 常用电工工具 | | 1 | 套 | |
| 2 | | 万用表 | MF47 | 1 | 只 | |
| 3 | 设备 | PLC | FX$_{2N}$-48MR | 1 | 只 | |
| 4 | | 按钮 | | 4 | 个 | |
| 5 | | 指示灯 | | 4 | 个 | |
| | | 接触器 | | 4 | 只 | |
| 6 | | 连接导线 | | 若干 | 根 | |

### 四、背景知识

**1. 加、减、乘、除算术运算指令**

1）加法指令为 ADD

（1）加法指令的指令格式为：

FNC20 ADD［S1·］［S2·］［D·］

指令概述如表 6-14 所示。

表 6-14　加法指令概述

| 指令名称 | 助记符 | 指令代码 | 操作数 | | | 程序步 |
|---|---|---|---|---|---|---|
| | | | S1 | S2 | D | |
| 加法指令 | ADD | FNC20 | K、H<br>KnX、KnY、KnM、KnS<br>T、C、D<br>V、Z | | KnY、KnM、KnS<br>T、C、D<br>V、Z | ADD<br>ADDP 7 步<br>DADD<br>DADDP 13 步 |

（2）指令说明如下：

［S1·］［S2·］：用于指定参与加法运算的被加数和加数。

［D·］：用于存放加法运算的结果。

该指令的功能是将源操作数[S1·]、[S2·]中的内容相加,结果送入[D·]中,并根据运算结果使相应的标志位置1。加法指令影响三个标志位,若相加结果为0时,零标志位M8020=1;若发生进位,既运算结果在16位操作时大于32 767,在32位操作时大于2 147 483 647,则进位标志寄存器M8022=1;若相加结果在16位操作时小于−32 768,在32位操作时小于−2 147 483 648,则借位标志位M8021=1;若将浮点标志位M8023置1,则可以进行浮点数加法运算。

ADD指令可以进行32位操作方式,使用前缀D。这时指令中给出的源组件、目标组件是它们的首地址。为避免重复使用某些元件,建议用偶数元件号。

该指令可以使用连续\脉冲执行方式。

指令的示例梯形图如图6-18所示,对应的指令为:ADD D10 D12 D14。

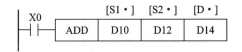

图6-18 加法指令ADD举例

(3)举例。在图6-18中,如果X0断开,则不执行这条ADD指令,源操作数、目操作数中的数据均保持不变,三个标志位也将保持原状态不变。如果X0接通,则将执行加法运算,既将D10与D12中的内容相加,结果送入D14中,并根据运算的结果使相应标志位置1。

2)减法指令SUB

(1)减法指令的指令格式为:

$\qquad$ FNC21 SUB [S1·][S2·][D·]

指令概述如表6-15所示。

表6-15 减法指令概述

| 指令名称 | 助记符 | 指令代码 | 操作数 | | | 程序步 |
| --- | --- | --- | --- | --- | --- | --- |
| | | | S1 | S2 | D | |
| 减法指令 | SUB | FNC21 | K、H<br>KnX、KnY、KnM、KnS<br>T、C、D<br>V、Z | | KnY、KnM、KnS<br>T、C、D<br>V、Z | SUB<br>SUBP 7 步<br>DSUB<br>DSUBP 13 步 |

(2)指令说明如下:

[S1·][S2·]:用于指定参与减法运算的被减数和减数。

[D·]:用于存放减法运算的结果。

该指令的功能是将源操作数[S1·][S2·]中的有符号数相减,然后将相减的结果送入指定的目标软组件[D·]中。

SUB指令进行运算时,每个标志位的功能、32位运算的、元件指定方法、连续执行和脉冲执行的区别都与加法指令中的解释相同。

(3)举例。指令的示例梯形图如图6-19所示,对应的指令为:SUB D10 D12 D14。

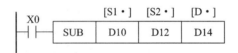

图 6-19 加法指令 SUB 举例

在图 6-19 中，如果 X0 断开，则不执行这条 SUB 指令，源操作数、目操作数中的数据均保持不变，三个标志位也将保持原状态不变。如果 X0 接通，则将执行减法运算，既将 D10 与 D12 中的内容相减，结果送入 D14 中，并根据运算的结果使相应标志位置 1。

3）乘法指令 MUL

（1）乘法指令的指令格式为：

FNC22 MUL [S1·][S2·][D·]

指令概述如表 6-16 所示。

表 6-16 乘法指令概述

| 指令名称 | 助记符 | 指令代码 | 操作数 | | | 程序步 |
| --- | --- | --- | --- | --- | --- | --- |
| | | | S1 | S2 | D | |
| 乘法指令 | MUL | FNC22 | K、H<br>KnX、KnY、KnM、KnS<br>T、C、D<br>V、Z | | KnY、KnM、KnS<br>T、C、D<br>其中 Z 在 16 位操作时可用 | MUL<br>MULP 7 步<br>DMUL<br>DMULP 13 步 |

（2）指令说明如下：

[S1·]、[S2·]：用于指定参与乘法运算的被乘数和乘数。

[D·]：用于存放乘法运算的结果。

该指令的功能是将源操作数[S1·]、[S2·]中的数进行二进制有符号数相乘运算，然后将相乘的积送入指定的目标软组件[D·]中。

（3）举例。指令的示例梯形图如图 6-20 所示。

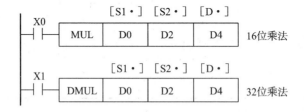

图 6-20 乘法指令 MUL 举例

当 X0 为 ON 时，将二进制 16 位数[S1·]、[S2·]相乘，结果送[D·]中。D 为 32 位，即(D0)×(D2)→(D5,D4)(16 位乘法)；当 X1 为 ON 时，(D1,D0)×(D3,D2)→(D7,D6,D5,D4)(32 位乘法)。

注意：MUL 指令进行的是有符号数乘法运算，被乘数和乘数的最高位是符号位。MUL 指令分为 16 位和 32 位操作两种情况，在 32 位运算中，如用位组件作为目标组件，则乘积只能得到低 32 位，而高 32 位数据将丢失，在这种情况下，应先将数据移入字元件中再运算。

4）除法指令 DIV

（1）除法指令的指令格式为：

　　　FNC23 DIV［S1·］［S2·］［D·］

指令概述如表 6－17 所示。

表 6－17　除法指令概述

| 指令名称 | 助记符 | 指令代码 | 操作数 | | | 程序步 |
| --- | --- | --- | --- | --- | --- | --- |
| | | | S1 | S2 | D | |
| 除法指令 | DIV | FNC23 | K、H<br>KnX、KnY、KnM、KnS<br>T、C、D<br>V、Z | | KnY、KnM、KnS<br>T、C、D<br>其中 Z 在 16 位操作时可用 | DIV<br>DIVP 7 步<br>DDIV<br>DDIVP 13 步 |

（2）指令说明如下：

［S1·］、［S2·］：用于指定参与除法运算的被除数和除数。

［D·］：为商和余数的目标软组件的首地址。

该指令的功能是将源操作数［S1·］、［S2·］中的数进行二进制有符号数除法运算，然后将相除的商和余数送入从首地址开始的相应的目标软组件［D·］中。

（3）举例。指令的示例梯形图如图 6－21 所示。

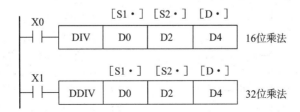

图 6－21　除法指令 DIV 举例

如图 6－21 所示，当 X0 为 ON 时，(D0)÷(D2)→(D4)商，(D5)余数（16 位除法）；当 X1 为 ON 时，(D1，D0)÷(D3，D2)→(D5，D4)商，(D7，D6)余数（32 位除法）。

注意：① 除法运算中除数不能为 0，否则会出错；

② 被除数和除数中有一个为负数时，商为负数；当被除数为负数时，余数也为负数；

③ 若位元件被指定为目标元件，则不能获得余数；

④ 商和余数的最高位是符号位。

**2. 自动售货机的设计过程分析**

1）硬件设计

根据控制要求得出自动售货机控制系统的 I/O 分配表如表 6－18 所示。

表 6－18　　自动售货机控制系统 I/O 地址定义表

| 输入点地址 | 功　　能 | 输出点地址 | 功　　能 |
|---|---|---|---|
| X0 | 启动 | Y0 | 汽水选择灯 |
| X1 | 暂停 | Y1 | 汽水出货电机控制 |
| X2 | 5角输入 | Y2 | 果汁选择灯 |
| X3 | 1元输入 | Y3 | 果汁出货电机控制 |
| X4 | 5元输入 | Y4 | 咖啡选择灯 |
| X5 | 汽水选择 | Y5 | 咖啡出货电机控制 |
| X6 | 果汁选择 | Y6 | 5角传动电机控制 |
| X7 | 咖啡选择 | Y7 | 1元传动电机控制 |
| X10 | 5角退币感应器 | Y10 | 出币选择灯 |
| X11 | 1元退币感应器 | Y11 | 制冷控制 |
| X12 | 出币选择 | Y12 | 照明控制 |
| X13 | 温度传感器 | Y13 | 5角缺币报警 |
| X14 | 光度传感器 | Y14 | 1元缺币报警 |
| X15 | 5角硬币传感器 | Y15 | 缺货报警 |
| X16 | 1元硬币传感器 | Y16 | |
| X17 | 缺货传感器 | Y17 | |

自动售货机系统接线图如图 6－22 所示。

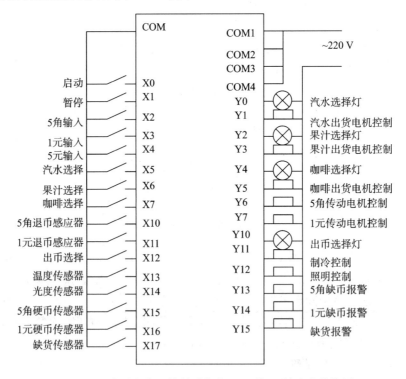

图 6-22　自动售货机控制系统的 PLC 输入/输出的接线图

2）软件设计

售货机的基本功能就是对投入的货币进行运算，并根据货币数值判断是否能够购买某种商品，并作出相应的反应。自动售货机的工作流程图如图6-23所示。

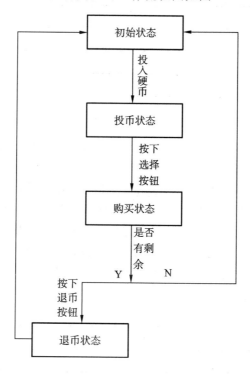

图6-23 自动售货机工作流程图

（1）一次交易过程分析。

为了方便分析，以一次交易过程为例。

① 先是进行对投币的记数，把投进的不同面值的货币进行统计并存放到PLC中。

② 价格与所投的货币比较，当所投币值超过商品价格时，相应价格选择按钮发生变化，提示可以购买。

③ 在有操作显示的条件下，进行对商品选购的操作。

④ 选购操作进行同时，同时PLC自动进行余额的处理，并对所选商品进行提取。

⑤ 按下退币的按钮，PLC会把余额以1元硬币和5角硬币的形式进行退币处理，并同时把PLC里寄存的余额清零，返回到初始状态。

到此为止，自动售货机的一个完整工作过程结束。

（2）分步程序设计。

自动售货机系统主要包括：记币系统、比较系统、选择系统、提货系统和退币系统，还有就是其他的运行监控系统和报警系统。

① 记币系统。

当有顾客购买时，每投入一次钱币都得经过感应器进行真假分辨后，再给PLC进行计币的指令。当发现伪币时，感应器不给PLC累计投币值的指令，同时自行退出伪币。而当PLC接收到感应器传来的记币的指令时，PLC自动把接收来的货币对应的数据累加到寄存器D0中。PLC编程梯形图如图6-24所示。

图 6-24　PLC 进行记币过程的梯形图

② 价格比较系统。

只要余额大于某种商品价格时，就输出一个信号，提示可以购买。投币完成后，系统会将 D0 内钱币数据和可以购买的饮料价格进行比较：当投币小于 2.5 元，则没有可购买的商品指示灯亮，表示所投钱币不能购买任何东西，此时可以继续投币或退币；只有投币在 2.5 元或以上时会见到汽水选择的指示灯长亮，此时可以选择购买汽水或退币；同样，大于 3 元的就有果汁的选择显示，3.5 元就出现咖啡的选择显示，此时都是可以选择购买或退币。PLC 编程梯形图如图 6-25 所示。

图 6-25　PLC 进行价格比较过程的梯形图

③ 选购商品系统。

当投入的币值可以购买某种商品时，即商品下相应的指示灯亮了，按下相应的"选择"按钮即可在出货框中出现该种商品，同时消费显示栏中显示出扣除已经消费掉的金额的余额币值，接着余额继续与价格相比较，判断是否能继续购买。

若余额还能符合上面比较过程的条件时，相应商品的指示灯还会亮。PLC 编程梯形图如图 6-26 所示。

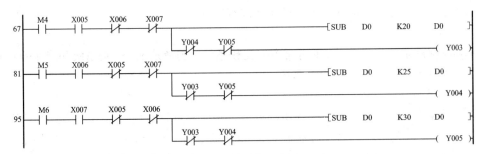

图 6-26　PLC 进行选购商品过程的梯形图

在梯形图 6-26 中，一是要使商品出现在出货框中，二是要实现内部货币的运算。以第一步为例,按下选择汽水相应键,X005 施加一个脉冲的信号(只能接受一次的脉冲信号)X006、X007 的常闭可以保证在选购汽水时就不能同时执行其他商品的选购运作。当 X005 接收到一个脉冲信号时,在这个工作周期内,系统就会只对汽水进行出货的操作,同时也会对余额进行扣除汽水价格的处理。

④ 提货系统。

送出机构的工作原理为:罐体送出机构主要由槽轮、推拉杆、推拉销、直线步进电机和前后两边侧板构成,其中槽轮上槽弧的半径为罐体的半径,货道宽度为罐体的直径。送出机构示意图如图 6-27 所示。

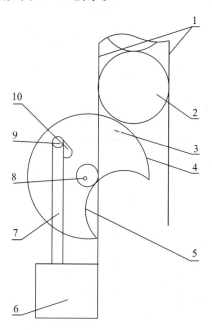

1—货道;
2—罐体商品;
3—槽轮;
4—槽轮阻货工作面;
5—槽轮承货工作面;
6—直线步进电机;
7—推拉杆;
8—与槽轮为一体的安装轴;
9—推拉销;
10—槽轮上的推拉槽

图 6-27 送出机构示意图

送出机构的工作过程如图 6-27 所示,自动售货机正处在待售状态下,槽轮的槽开口朝下,利用阻货面来支撑和阻挡上面的罐体,起到阻止罐体下落的作用。当售货机接收到售货信号时,直线步进电机运行并作用于推拉杆,推拉杆同时推动槽轮上下摆动一次。在槽轮摆动的前半周,槽从开口向下转到开口向上,并有一个罐体装入到槽中;在槽轮摆动的后半周,槽的开口向上转到向下,并带动一个罐体向出货侧摆动,同时槽轮的阻货面挡住后面的罐体,电机停止工作,完成一个罐体的售出。

⑤ 退币系统。

系统可在顾客购买完饮料后退回余币。按下退币按钮后,数据寄数器 D0 内的币数除以 10,商的整数部分就是需要退回 1 元硬币的个数并储存在 D1 上,余数就自动的默认在 D2 上;在把 D2 的数据除以 5,商的整数部分就是需要退回 5 角钱的个数,并储存在 D3 中(这里由所可投的货币限制来看,5 角钱个数就只有两种情况:0 或 1,故在选 PLC 时可以只给这里的留一个端口就行了。)选择退币的同时启动 2 个退币电动机。2 个感应器开始记数,当感应器记币的个数等于数据寄存器的退币数时,退币电动机停止运转。PLC 编程梯形图如图 6-28 所示。

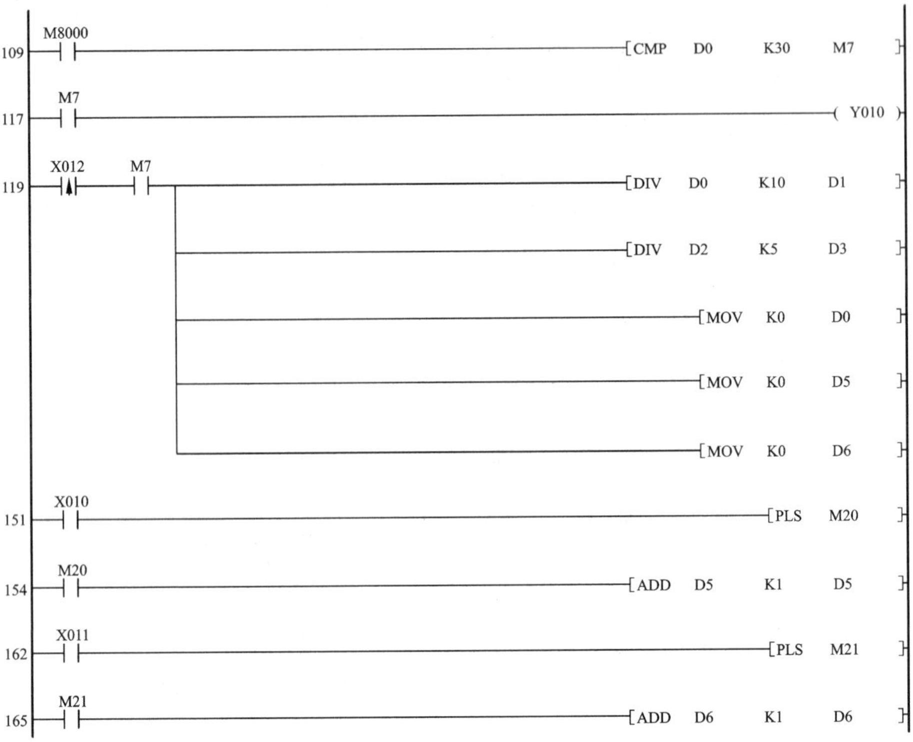

图 6-28 PLC 进行退币过程的梯形图

### 五、操作指导

**1. 绘制接线图**

根据电路图 6-22 绘制接线图。

**2. 运行调试**

1）初始检查

电源端子的错误连接、直流输入端和电源端子之间的短路、输出导线之间的短路都会严重地损坏 PLC。因此，在接通电源之前，应检查电源、接地及输入/输出导线的连接情况；用万用表测试 PLC 的绝缘电阻；断开 PLC 的输入/输出导线和电源电缆，并通过各接线端和接地端中的公共点进行测试等。

2）程序写入及检查

接通电源，将 PLC 置于停止状态，用手持式外部设备写入程序。读程序确认其写入的正确性，并通过外部设备的程序检查功能检查程序的电路和语法是否错误。即使 PLC 处于停止状态，仍可通过手持式简易编程器实行各输出的强制 ON/OFF。

3）运行及调试

接通电源运行 PLC。即将小盖板下方的 RUN/STOP 开关设置在 RUN 时，PLC 开始运行。在 PLC 运行期间可改变数据寄存器中设置的数据或者强者各输出点处于通/断状态。运行时可改变定时器或计数器的设定值，此时扫描时间延长到 20～60 ms 输入，中断的响应变慢，但是若用 EPROM 存储器卡盒（选购件），则无法改变 T/C 的设定值。

## 3. 维护检查

（1）定期检查。PLC内没有会缩短使用寿命的易耗部件，但有必要检查频繁动作或驱动大容量负载的输出继电器的使用寿命。PLC与系统外围设备一起检查的有下列几点：

① 由于其他发热器或阳光直射所引起的控制盘内温度有否异常升高。

② 有否灰尘或导电性杂质进入控制盘内。

③ 配线或端子有否松动或其他异常现象。

（2）继电器输入触点寿命对于接触器、电磁阀等感性负载的额定寿命，当负载为20VA时为50万次。测试提供的继电器使用寿命指标如表6-19所示。测试条件为接通1秒/切断1秒。如果电流太大，则继电器触点的寿命会显著缩短，因此，应引起足够的重视。

**表6-19　PLC的继电器触点寿命测试表**

| | 负载容量 | 触点寿命 | 适用负载举例 |
|---|---|---|---|
| 20 | 0.2A/AC100V | 300 | S-K10-S-K95 |
| | 0.1A/AC200V | | |
| 35 | 0.35A/AC100V | 100 | S-K100-S-K150 |
| | 0.17A/AC200V | | |
| 80 | 0.8A/AC100V | 20 | S-K180-S-K400 |
| | 0.4A/AC100V | | |

## 六、质量评价标准

项目质量考核要求及评分标准见表6-20。

**表6-20　项目质量考核要求及评分标准**

| 考核项目 | 考核要求 | 配分 | 评分标准 | 扣分 | 得分 | 备注 |
|---|---|---|---|---|---|---|
| 程序设计 | 能对记币系统、比较系统、选择系统、提货系统和退币系统等进行编程 | 20 | （1）输入/输出地址遗漏或写错，每处扣2分；（2）梯形图表达不正确或画法不规范，每处扣2分；（3）指令有错，每条扣2分 | | | |
| 系统安装 | （1）会安装元件；（2）按图完整、正确、规范接线；（3）按照要求编号 | 30 | （1）元件松动扣2分，损坏一处扣4分；（2）错、漏线每处扣2分；（3）错、漏编号，每处扣1分 | | | |
| 编程操作 | （1）会建立程序新文件；（2）正确输入梯形图；（3）正确保存文件 | 20 | （1）不能建立程序新文件或建立错误扣4分；（2）输入梯形图错误一处扣2分 | | | |

| 考核项目 | 考核要求 | 配分 | 评分标准 | 扣分 | 得分 | 备注 |
|---|---|---|---|---|---|---|
| 运行操作 | (1) 操作运行系统，分析运行结果<br>(2) 会监控梯形图 | 20 | (1) 系统通电操作错误一步扣 3 分；<br>(2) 分析运行结果错误一处扣 2 分；<br>(3) 监控梯形图错误一处扣 2 分；<br>(4) 验证串行工作方式错误扣 5 分 | | | |
| 安全生产 | 自觉遵守安全文明生产规程 | 10 | (1) 每违反一项规定，扣 3 分；<br>(2) 发生安全事故，按 0 分处理；<br>(3) 漏接地线一处扣 5 分 | | | |
| 时间 | 2 小时 | | 提前正确完成，每 5 分钟加 2 分；<br>超过定额时间，每 5 分钟扣 2 分 | | | |
| 开始时间： | | | 结束时间： | | 实际时间： | |

**七、项目拓展**

(1) 控制要求。自动售货机的控制要求如下：

① 自动售货机只有 1 个投币口，每次只可以投入 1 元硬币。

② 所售实物价格：可乐 3 元，饼干 4 元。投币总额或现在值显示在 7 段数码管上。

③ 当投入的硬币总价值超过所购饮料的标价时，所有可购买饮料的指示灯均亮，作为可购买提示。

④ 当食物的按钮指示灯亮时，才可以按下需要购买食物的按钮。例如，当可乐按钮指示灯亮时，按可乐按钮，则可乐排出 7 s 后自动停止，此时可乐按钮指示灯闪烁。

⑤ 当购完食物后，按下退币按钮，系统就会把多余的硬币退回。

(2) 根据以上控制要求确定输入/输出分配。

(3) 编制流程图并调试运行。

# 项目 3　按钮式人行道交通灯控制系统设计

**一、学习目标**

(1) 掌握并行顺序功能图的结构。

(2) 能够根据工艺要求绘制并行顺序功能图。

(3) 能够利用以转换为中心的电路编程方法将并行顺序功能图转换为梯形图。

**二、学习任务**

**1. 项目任务**

现如今，在人流少的道路的交通管理中采用了有许多按钮式人行道交通灯。本项目的设计任务是：利用 PLC 控制按钮式人行道交通灯。交通灯示意图如图 6 - 29 所示。

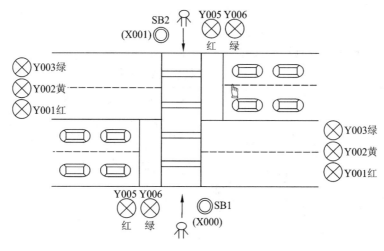

图 6 - 29　按钮式人行道交通灯示意图

任务要求为：在正常情况下，汽车通行，即 Y003 绿灯亮，Y005 红灯亮；当行人想过马路时，就按下按钮 X000（或 X001），主干道交通灯将从绿（5 s）→绿闪（3 s）→黄（3 s）→红（20 s），当主干道红灯亮时，人行道从红灯亮转为绿灯亮，15 s 后，人行道绿灯开始闪烁，闪烁 5 s 后转入主干道绿灯亮，人行道红灯亮。交通信号灯控制时序图如图 6 - 30 所示。

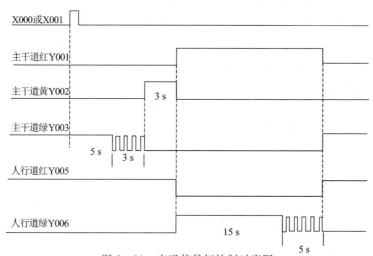

图 6 - 30　交通信号灯控制时序图

**2. 任务流程图**

本项目的任务流程图见图 6 - 31。

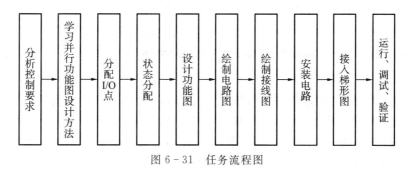

图 6 - 31　任务流程图

### 三、环境设备

本模块学习所需工具、设备见表6-21。

**表6-21　工具、设备清单**

| 序号 | 分类 | 名称 | 型号规格 | 数量 | 单位 | 备注 |
|---|---|---|---|---|---|---|
| 1 | 工具 | 常用电工工具 | | 1 | 套 | |
| 2 | | 万用表 | MF47 | 1 | 只 | |
| 3 | | PLC | FX$_{2N}$-48MR | 1 | 只 | |
| 4 | | 两极小型断路器 | DZ47-63 | 1 | 只 | |
| 5 | 设备 | 控制变压器 | BK100，380/220、24V | 1 | 只 | |
| 6 | | 三相电源插头 | 16A | 1 | 只 | |
| 7 | | 熔断器底座 | RT18-32 | 3 | 只 | |
| 8 | | 熔管 | 2A | 3 | 只 | |

### 四、背景知识

#### 1. 并行序列结构形式的顺序功能图

在步进梯形图中，顺序过程进行到某步，若该步后有多个分支，而当该步结束后，若转移条件满足，则同时开始所有分支的顺序动作，若全部分支的顺序动作同时结束后，汇合到同一状态，这种顺序控制过程的结构称为并行序列结构。

并行序列也有开始和结束之分。并行序列的开始叫分支，并行序列的结束称为合并。如图6-32所示。并行序列的分支是指当转换实现后同时使多个后续步激活，每个序列中活动步的进展是独立的。为了区别于选择序列顺序功能图，强调转换的同步实现，水平线连线用双线表示，转换条件放在水平双线之上。如果步3为活动步，且转换条件e成立，则4、6、8三步同时变为活动步，而步3变为不活动步。当步4、6、8被同时激活后，每一序列接下来的转换将是独立的。

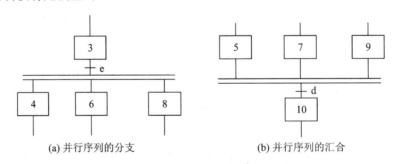

(a) 并行序列的分支　　　　　　　　　(b) 并行序列的汇合

图6-32　并行序列结构

#### 2. 用"启—保—停"电路实现的并行结构的编程方法

1）并行序列分支的编程方法

并行序列中各单序列的第一步应同时变为活动步。对控制这些步的"启—保—停"电路使用同样的启动电路，就可以实现这一要求。图6-33(a)中步 M1 之后有一个并行序列的分支，当步 M1 为活动步并且转换条件满足时，步 M2 和步 M3 应同时变为 ON，图6-33(b)中步 M2 和步 M3 的启动电路相同，都为逻辑关系式 M1 * X001。

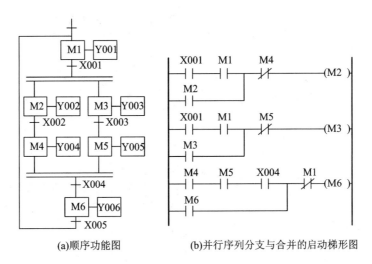

(a)顺序功能图  (b)并行序列分支与合并的启动梯形图

图 6 - 33　并行序列的编程方法示例

2）并行序列合并的编程方法

图 6 - 33(a)中步 M6 之前有一个并行序列的合并，该转换实现的条件是所有的前级步（即步 M4 和步 M5）都是活动步和转换条件 X004 满足。由此可知，应将 M4、M5 和 X004 常开触点串联，作为控制 M6 的"启—保—停"电路的启动电路（如图 6 - 33(b)所示）。

**3. 按钮式人行道交通灯控制系统的实现**

1）I/O(输入/输出)分配表

由上述控制要求可确定 PLC 需要 2 个输入点，5 个输出点，其 I/O 分配表如表 6 - 22 所示。

表 6 - 22　I/O 分配表

| 输入继电器 | 作用 | 输出继电器 | 作用 |
|---|---|---|---|
| X0 | SB1 按钮 | Y1 | 主干道红灯 |
| X1 | SB2 按钮 | Y2 | 主干道黄灯 |
| | | Y3 | 主干道绿灯 |
| | | Y5 | 人行道红灯 |
| | | Y6 | 人行道绿灯 |

2）编程

分析按钮式人行道交通灯控制要求，可得出如图 6 - 34 所示的时序图。表 6 - 23 所示为按钮式人行道交通灯控制系统指令。

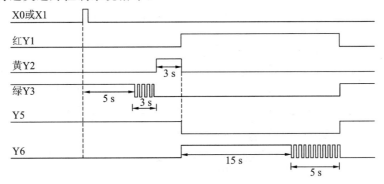

图 6 - 34　按钮式人行道交通灯时序图

表 6 - 23　按钮式人行道交通灯控制系统指令

| 程序步 | 指令 | 元件号 | 程序步 | 指令 | 元件号 | 程序步 | 指令 | 元件号 |
|---|---|---|---|---|---|---|---|---|
| 0 | LD | M7 | 27 | ANI | M4 | 54 | AND | T3 |
| 1 | AND | M4 | 28 | OUT | M3 | 55 | OR | M7 |
| 2 | AND | T4 | 29 | OUT | Y002 | 56 | ANI | M0 |
| 3 | ANI | M1 | 30 | OUT | T2 K30 | 57 | OUT | M7 |
| 4 | OR | M8002 | 33 | LD | M3 | 58 | OUT | T2 K50 |
| 5 | OR | M0 | 34 | AND | T2 | 61 | LD | M2 |
| 6 | OUT | M0 | 35 | OR | M4 | 62 | AND | M8013 |
| 7 | LD | X000 | 36 | ANI | M0 | 63 | OR | M1 |
| 8 | AND | M0 | 37 | OUT | M4 | 64 | OR | M0 |
| 9 | OR | X001 | 38 | OUT | M1 | 65 | OUT | Y003 |
| 10 | OR | M1 | 39 | LD | X000 | 66 | LD | M0 |
| 11 | ANI | M2 | 40 | AND | M0 | 67 | OR | M5 |
| 12 | OUT | M1 | 41 | OR | X001 | 68 | OUT | Y005 |
| 13 | OUT | T0 K50 | 42 | OR | M5 | 69 | LD | M7 |
| 16 | LD | M1 | 43 | ANI | M6 | 70 | OR | M6 |
| 17 | AND | T0 | 44 | OUT | M5 | 71 | AND | M8013 |
| 18 | OR | M2 | 45 | LD | M5 | 72 | OUT | Y006 |
| 19 | ANI | M3 | 46 | AND | T2 | 73 | END | |
| 20 | OUT | M2 | 47 | OR | M6 | | | |
| 21 | OUT | T1 K30 | 48 | ANI | M7 | | | |
| 24 | LD | M2 | 49 | OUT | M6 | | | |
| 25 | AND | T1 | 50 | OUT | T3 | | | |
| 26 | OR | M3 | 53 | LD | M6 | | | |

　　由控制要求可知：主干道的一个工作周期分为 4 步，分别为绿灯亮、绿灯闪烁、黄灯亮和红灯亮，用 M1～M4 表示。人行道的一个工作周期分为 3 步，分别为红灯亮、绿灯亮和绿灯闪烁，用 M5～M7 表示。再加上初始步 M0，一共有 8 步构成。其中各按钮和定时器提供的信号是各步之间的转换条件。由此根据时序图所设计的顺序功能图如图 6 - 35 所示。

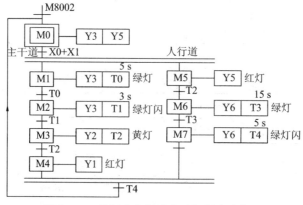

图 6 - 35　按钮式人行道交通灯顺序功能图

（1）根据"启—保—停"电路的编程方法将图 6-33 所示的选择序列编写成的梯形图如图 6-36 所示。

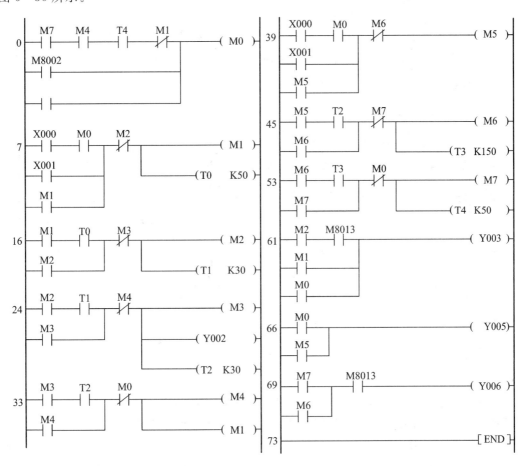

图 6-36 采用"启—保—停"电路编写的按钮式人行道交通灯控制系统梯形图

（2）以转换为中心的单序列的编程方法。

如图 6-37 所示为以转换为中心的编程方法的顺序功能图与梯形图的对应关系。

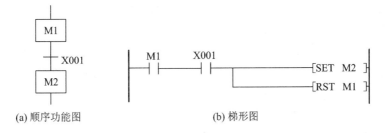

图 6-37 以转换为中心的电路编程方法示例

实现图中 X001 对应的转换需要同时满足两个条件，即该转换的前级步是活动步（M1=1）和转换条件（X001=1）。在梯形图中，可以用 M1 和 X001 的常开触点组成的串联电路来表示上述条件。该电路接通时，两个条件同时满足，此时应完成两个操作，即将该转换的后续步变为活动步（用 SET 指令将 M2 置位）和将该转换的前级步变为不活动步（用 RST 将 M1 复位），这种编程方法与转换实现的基本规则之间有着严格的对应关系，用它编制复杂的顺序功能图的梯形图时，更能显示出它的优越性。

如图 6-38 为某送料小车控制系统的梯形图。

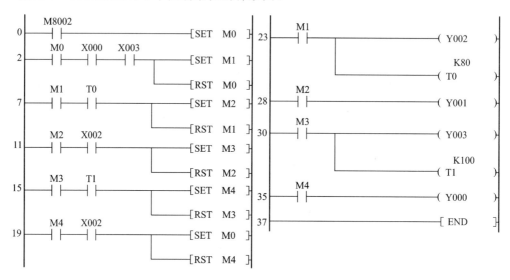

图 6-38　以转换为中心的单序列的编程

在顺序功能图中，如果某一转换所有的前级步都是活动步并且相应的转换条件满足，则转换可以实现。在以转换为中心的编程方法中，用该转换所有前级步对应的辅助继电器的常开触点与转换对应的触点或电路串联，作为使所有后续步对应的辅助继电器置位（使用 SET 指令）和使所有前级步对应的辅助继电器复位（使用 RST 指令）的条件。在任何情况下，代表步的辅助继电器的控制电路都可以用这一设计原则来设计，每一个转换对应一个这样的控制置位和复位的电路块，有多少个转换就有多少个这样的电路块。这种设计方法很有规律，在设计复杂的顺序功能图的梯形图时既容易掌握，又不容易出错。

使用这种编程方法时，不能将输出继电器的线圈与 SET 和 RST 指令并联。应根据顺序功能图，用代表步的辅助继电器的常开触点或它们的并联电路来驱动输出继电器的线圈。

（3）以转换为中心的选择序列的编程方法。

如果某一转换与并行序列的分支、合并无关，那么它的前级步和后续步都只有一个，需要置位、复位的辅助继电器也只有一个，因此对选择序列的分支与合并的编程方法实际上与对单序列的编程方法完全相同。

（4）以转换为中心的并行序列的编程方法。

图 6-39 给出了图 6-33(a)顺序功能图的梯形图。图 6-33(a)在步 M1 之后有一个并行序列的分支，当 M1 是活动步时，并且转换条件 X001 满足，步 M2 和步 M3 应同时变为活动步，需将 M1 和 X001 的常开触点串联，作为使 M2 和 M3 同时置位 M1 复位的条件（见图 6-40）。

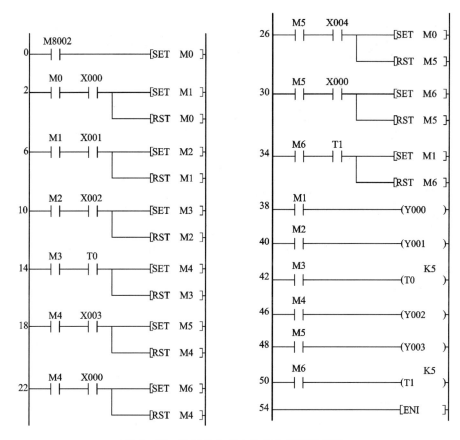

图 6 - 39 以转换为中心的选择序列的编程

图 6 - 33(a)中步 M6 之前有一个并行序列的合并,该转换实现的条件是所有的前级步(即步 M4 和步 M5)都是活动步,并且转换条件 X003 满足,需将 M4、M5 和 X003 的常开触点串联,作为 M6 置位和 M4、M5 同时复位的条件(见图 6 - 41)。

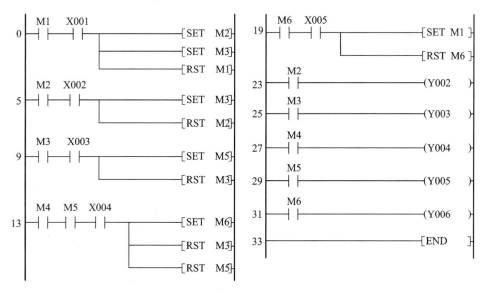

图 6 - 40 以转换为中心的并行序列的编程

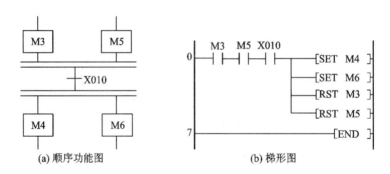

图 6-41　转换的同步实现

如图 6-41 所示，转换的上面是并行序列的合并，转换的下面是并行序列的分支，该转换实现的条件是所有的前缀步(即步 M3 和步 M5)都是活动步和转换条件 X010 满足，所以，应将 M3、M5 和 X010 的常开触点组成的串联电路作为使 M4、M6 置位和使 M3、M5 复位的条件。

本项目的按钮式人行道交通灯控制系统采用"以转换为中心"编写方法编写的梯形图，如图 6-42 所示。

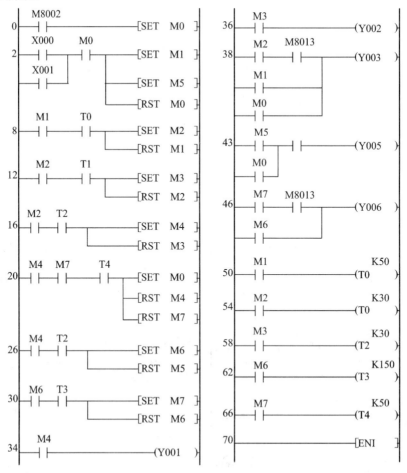

图 6-42　采用"以转换为中心"编写方法编写的梯形图

3）硬件接线

根据控制要求，可知 PLC 的外部硬件接线图如图 6-43 所示。

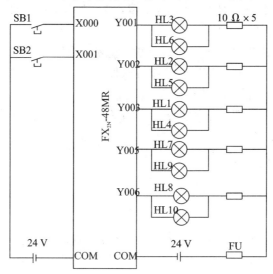

图 6-43 PLC 的外部硬件接线图

4）按钮式人行道交通灯控制系统电络组成及元件功能

图 6-43 是按钮式交通灯控制系统电路图，其电路组成及元件功能见表 6-24。

**表 6-24 按钮式人行道交通灯控制系统电路组成及元件功能**

| 序号 | 电路名称 | | 电路组成 | 元件功能 | 备注 |
|---|---|---|---|---|---|
| 1 | | 电源电路 | FU | 作负载短路保护用 | |
| 2 | 控制电路 | PLC 输入电路 | SB1 | 行人按钮 | |
| 3 | | | SB2 | 行人按钮 | |
| 4 | | PLC 输出电路 | HL3、HL6 | 主干道红灯 | |
| 5 | | | HL2、HL5 | 主干道黄灯 | |
| 6 | | | HL1、HL4 | 主干道绿灯 | |
| 7 | | | HL7、HL9 | 人行道红灯 | |
| 8 | | | HL8、HL10 | 人行道绿灯 | |

**五、操作指导**

**1. 绘制电路图**

根据图 6-43 绘制接线图。

**2. 检查元器件**

根据表 6-24 配齐元器件，检查元件的规格是否符合要求，检测元件的质量是否完好。在本项目中需要检测的元器件有按钮开关、PLC、交通指示灯。

**3. 元器件布局、安装与配线**

（1）元器件的布局。元器件布局时要参照接线图进行，若与书中所提示的元器件不同，应按照实际情况布局。

（2）元器件的安装。元器件安装时每个元器件要摆放整齐，上下左右要对正，间距要均匀。拧螺丝钉时一定要加弹簧垫，而且松紧适度。

（3）配线。严格按配线图配线，不能丢、漏，要穿好线号并且线号方向一致。

**4. 输入梯形图或状态转移图**

启动 SWOPC－FXGP/WIN－C 编程软件，输入梯形图 6－42。

（1）启动 SWOPC－FXGP/WIN－C 编程软件。

（2）创建新文件，选择 PLC 的类型为 $FX_{2N}$。

（3）输入元件。按照前面所学的方法输入梯形图。

（4）将梯形图写入 PLC。

（5）通电调试、监控运行过程。

**六、质量评价标准**

项目质量考核要求及评分标准见表 6－25。

**表 6－25　项目质量考核要求及评分标准**

| 考核项目 | 考核要求 | 配分 | 评分标准 | 扣分 | 得分 | 备注 |
|---|---|---|---|---|---|---|
| 系统安装 | （1）会安装元件；<br>（2）按图完整、正确、规范接线；<br>（3）按照要求编号 | 30 | （1）元件松动扣2分，损坏一处扣4分；<br>（2）错、漏线每处扣2分；<br>（3）反圈、压皮、松动，每处扣2分；<br>（4）错、漏编号，每处扣1分 | | | |
| 考核项目 | 考核要求 | 配分 | 评分标准 | 扣分 | 得分 | 备注 |
| 编程操作 | （1）会建立程序新文件；<br>（2）正确输入梯形图；<br>（3）正确保存文件 | 40 | （1）不能建立程序新文件或建立错误扣4分；<br>（2）输入梯形图错误一处扣2分 | | | |
| 运行操作 | （1）操作运行系统，分析运行结果；<br>（2）会监控梯形图；<br>（3）会验证工作方式 | 30 | （1）系统通电操作错误一步扣3分；<br>（2）分析运行结果错误一处扣2分；<br>（3）监控梯形图错误一处扣2分；<br>（4）验证工作方式错误扣5分 | | | |
| 安全生产 | 自觉遵守安全文明生产规程 | | （1）每违反一项规定，扣3分；<br>（2）发生安全事故，按0分处理；<br>（3）漏接接地线一处扣5分 | | | |
| 时间 | 3小时 | | 提前正确完成，每5分钟加2分；<br>超过定额时间，每5分钟扣2分 | | | |
| 开始时间： | | 结束时间： | | 实际时间： | | |

### 七、拓展与提高

(1) 用 M8013 的常开触点实现指示灯的闪烁时，M8013 的工作与系统中的定时器并不同步，在指示灯开始闪烁和结束闪烁时，不能保证指示灯点亮和熄灭的时间刚好为 0.5 s，请解决这一问题。

(2) 某十字路口交通灯的顺序功能图如图 6-44 所示，请分别用"启—保—停"电路和"以转换为中心"电路编程方法来设计梯形图。

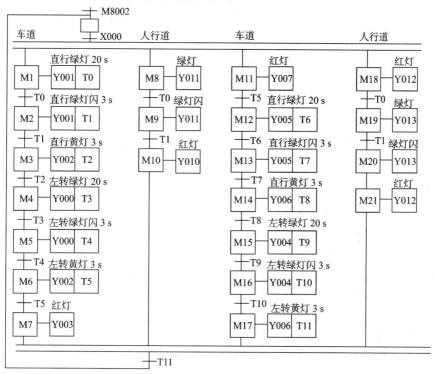

图 6-44 某十字路口交通灯的顺序功能图

# 项目 4  PLC 控制停车场停车位

### 一、学习目标

(1) 掌握速度检测指令 SPD 的用法及其应用。

(2) 掌握数据比较指令 CMP 的用法。

(3) 熟悉各种算术运算指令的基本用法。

(4) 独立完成 PLC 控制停车场停车位的梯形图的设计、调试与监控及其线路的连接。

### 二、学习任务

#### 1. 项目任务

本系统的任务是：设计一个地下停车场停车位控制系统。停车场示意图如图 6-45 所示。

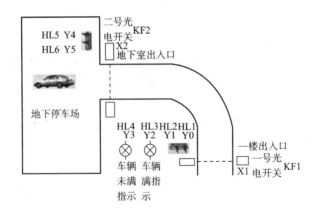

图 6-45  地下停车场示意图

本任务要求为：有一地下停车场，进出入车道为单车道，其最大容量只能停 60 辆车，用两个光电开关来检测有无车辆出入停车场，其中 1 号光电开关安装在停车场一楼出入口处，2 号光电开关安装在停车场地下室出入口处。用 PLC 实现停车场停车位的控制，具体控制要求如下：

1）停车场出入口的控制

(1) 地下停车场的出入车道为单车道，需设置红、绿交通灯来管理车辆的进出。红灯表示禁止车辆进出，而绿灯表示允许车辆进出。

(2) 当有车从一楼出入口处进入地下室，一楼和地下室出入处的红灯都亮，绿灯熄灭，此时禁止车辆从地下室和一楼出入口处进出，直到该车完全通过地下室出入口处(车辆全部通过单行车道)，绿灯才变亮，允许车辆从一楼或地下室出入口处进出。

(3) 同样，当车从地下室处出入口离开进入一楼时，也是必须等到该车完全通过单行车道，才允许车辆从一楼或地下室出入口处进出。

2）停车场车辆数量控制

(1) 当停车场未满 60 辆车时，指示停车场有空位，允许车进入。

(2) 当停车场已满 60 辆车时，不允许车辆再进入。

**2. 任务流程图**

本项目的任务流程图见图 6-46。

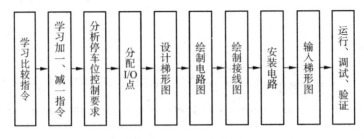

图 6-46  任务流程图

## 三、环境设备

本模块学习所需工具、设备见表 6-26。

表 6 - 26　工具、设备清单

| 序号 | 分类 | 名称 | 型号规格 | 数量 | 单位 | 备注 |
|---|---|---|---|---|---|---|
| 1 | 工具 | 常用电工工具 | | 1 | 套 | |
| 2 | | 万用表 | MF47 | 1 | 只 | |
| 3 | 设备 | PLC | FX$_{2N}$ - 48MR | 1 | 只 | |
| 4 | | 光电开关 | SC20M - 1K | 2 | 对 | |
| 5 | | 交通信号指示灯 | QD100 - B | 6 | 盏 | |
| 6 | | 连接导线 | | 若干 | 根 | |

**四、背景知识**

**1. 加 1 指令 INC**

1）指令格式

加指令格式为：

　　FNC24 INC [D·]。

指令概述如表 6 - 27 所示。

表 6 - 27　加 1 指令概述

| 指令名称 | 助记符 | 指令代码 | 操作数 | 程序步 |
|---|---|---|---|---|
| | | | D | |
| 加 1 指令 | INC | FNC24 | KnY、KnM、KnS T、C、D V、Z | INC INCP 3 步 DINC DINCP 5 步 |

2）指令说明

指令说明如下所述。

[D·]：用于指定要加 1 的目标软组件。

INC 指令的功能是将指定的目标软组件的内容增加 1。

3）举例

指令的示例梯形图如图 6 - 47 所示，对应的指令为：INCP D10。

图 6 - 47　加 1 指令 INC 举例

当 X0 闭合时，执行加 1 指令，D10 中的内容自动加 1。当不采用脉冲执行方式时，即将图 6 - 47 中的 INCP D0 改为 INC D0，这时只要 X0 闭合，每个扫描周期都将执行一次加 1 操作，这在实际控制中是不允许的，所以对"INC、DEC、XCH 等"指令，都采用脉冲执行方式。对图 6 - 47 来说，每当 X0 由 OFF→ON 时，D10 中的内容就进行一次加 1，对 X0 输入的脉冲进行计数；X0 在其他非上升沿的情况下，则不执行这条 INC 指令，[D·]中的数据保持不变。

注意：① INC 指令不影响标志位。比如，用 INC 指令进行 16 位操作时，当正数 32 767 再加 1 时就会变成 −32 768；在进行 32 位操作时，当正数 2 147 483 647 再加 1 时，就会变成 −2 147 483 648。这两种情况下进位或借位标志都不受影响。

② INC 指令最常用于循环次数、变址操作等情况。

**2. 减 1 指令 DEC**

1）指令格式

减 1 指令格式为：

FNC25 DEC [D·]

指令概述如表 6 − 28 所示。

表 6 − 28　减 1 指令概述

| 指令名称 | 助记符 | 指令代码 | 操作数 | 程序步 |
| --- | --- | --- | --- | --- |
| | | | D | |
| 减 1 指令 | DEC | FNC25 | KnY、KnM、KnS<br>T、C、D<br>V、Z | DEC<br>DECP 3 步<br>DDEC<br>DDECP 5 步 |

2）指令说明

[D·]：用于指定要减 1 的目标软组件。

该指令的功能是将指定的目标组件[D·]中的内容减 1。

3）举例

指令的示例梯形图如图 6 − 48 所示，对应的指令为：DECP D10。

图 6 − 48　减 1 指令 DEC 举例

当 X0 在 OFF→ON 上升沿变化时，则执行一次减 1 运算，既将 D10 中原来的内容减 1 后作为 D10 中新的内容。X0 在非上升沿情况下，则不执行这条 DEC 指令，目标组件中的数据保持不变。

**3. 停车场停车位的梯形图设计**

1）分析控制要求

从图 6 − 45 及其控制要求来看，该停车场停车位的控制分为停车场出入口的控制及停车场内车辆数量的控制。每进入一辆车到停车场，对停车场车辆的统计就要加 1；从停车场每开出一辆车，对停车场车辆的统计就要减 1。对停车场车辆数量的统计由数据寄存器 D10 及加 1 指令 INC 和减 1 指令 DEC 来共同完成，而停车场内车辆数量是否已满则是由比较指令 CMP 来完成。由于停车场出入口通道是单车道，所以要对出入口实行红绿灯交通管制。对于该程序则可采用状态转移图来设计。该程序所用软元件说明如表 6 − 29 所示。

表 6 - 29　停车场停车位程序所用 PLC 软元件说明

| PLC 软元件 | 控 制 说 明 |
|---|---|
| X1 | 一楼出入口处光电开关,有车辆出入该处时,X1 为 ON |
| X2 | 地下室出入口处光电开关,有车辆出入该处时,X2 为 ON |
| Y0 | 一楼出入口处红灯 |
| Y1 | 一楼出入口处绿灯 |
| Y2 | 地下停车场停放车辆已满指示 |
| Y3 | 地下停车场停放车辆未满指示 |
| Y4 | 地下室出入口处红灯 |
| Y5 | 地下室出入口处绿灯 |
| M8000 | 用于驱动比较指令 CMP |
| M8002 | 用于开机驱动初始状态 S0 |
| M10 | 当停车场的停放车辆数量不足 60 辆时,M10 置 1 |
| M11 | 当停车场的停放车辆数量等于 60 辆时,M11 置 1 |
| M12 | 当停车场的停放车辆数量大于 60 辆时,M12 置 1 |
| D10 | 用于记录停车场所停放的车辆数量 |
| S0 | 程序初始状态,此时一楼和地下室出入口处绿灯亮,一楼出入口处作车辆未满指示 |
| S20 | 车辆进入停车场状态,此时一楼和地下室出入口处红灯亮,禁止其他车辆通行,同时 D10 中的内容加 1,如果停车场内的车辆满 60 辆,作车辆已满指示,如果未满作未满指示 |
| S21 | 车辆开出停车场状态,此时一楼和地下室出入口处红灯亮,禁止其他车辆通行,同时 D10 中的内容减 1,如果停车场内的车辆满 60 辆,作车辆已满指示,如果未满作未满指示 |
| S22 | 分支汇合过渡状态 |

2）状态分配

将停车场停车位的控制过程分解成各个独立的状态步,其中的每一步对应一个具体的工作状态,并分配相应状态元件 S,如表 6 - 30 所示。

状态 1：初始状态,使用状态元件 S0。

状态 2：车辆进入停车场状态,使用状态元件 S20。

状态 3：车辆开出停车场状态,使用状态元件 S21。

状态 4：分支汇合过渡状态,使用状态元件 S22。

3）状态输出

状态输出要明确每个状态下的负载驱动与功能。停车场停车位状态输出见表 6 - 30。

4）状态转移

状态转移是要明确状态转移的条件和状态转移的方向,如表 6 - 30 所示。

表 6 - 30  停车场停车位的状态表

| 状态分配 | | 状态输出 | 状态转移 |
|---|---|---|---|
| 状态1：<br>初始状态 | S0 | 停车场车辆数<60辆时，驱动Y1、Y3、Y5输出，通道绿灯和车辆未满指示灯亮；<br>停车场车辆数≥60辆时，驱动Y0、Y2、Y5输出，一楼出入口处红灯、地下室出入口处绿灯亮和车辆满指示灯亮 | X1：S0→S20<br>X2：S0→S21 |
| 状态2：<br>车辆进入停车场状态 | S20 | Y0、Y4输出，通道红灯亮，同时D100加1；停车场车辆数<60辆时，驱动Y3输出；停车场车辆数≥60辆时，驱动Y2输出 | X2↓：S20→S22 |
| 状态3：<br>车辆开出停车场状态 | S21 | Y0、Y4输出，通道红灯亮，同时D100减1；停车场车辆数<60辆时，驱动Y3输出；停车场车辆数≥60辆时，驱动Y2输出 | X1↓：S21→S22 |
| 状态4：<br>分支汇合过渡状态 | S22 | 无输出，过渡状态 | S22→S0 |

5）状态流程图

根据以上分析画出停车场停车位状态流程图，如图 6 - 49 所示。

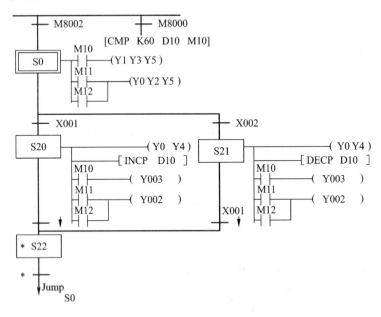

图 6 - 49  地下停车场停车位状态流程图

6）步进梯形图及指令表

根据停车场停车位状态流程图画出其步进梯形图，如图 6 - 50 所示。对应的指令表见表 6 - 31。

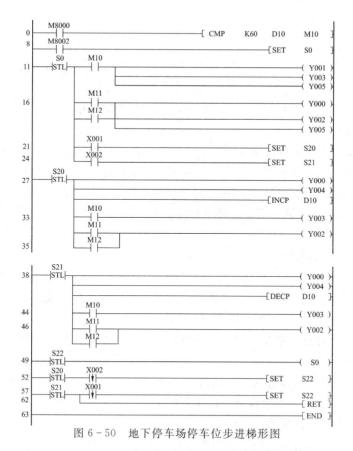

图 6-50 地下停车场停车位步进梯形图

**表 6-31 地下停车场停车位指令表**

| 程序步 | 指令 | 元件号 | 程序步 | 指令 | 元件号 | 程序步 | 指令 | 元件号 |
|---|---|---|---|---|---|---|---|---|
| 0 | LD | M8000 | 24 | LD | X002 | 45 | OUT | Y003 |
| 1 | CMP | K60 D10 M10 | 25 | SET | S21 | 46 | LD | M11 |
| 8 | LD | M8002 | 27 | STL | S20 | 47 | OR | M12 |
| 9 | SET | S0 | 28 | OUT | Y000 | 48 | OUT | Y002 |
| 11 | STL | S0 | 29 | OUT | Y004 | 49 | STL | S22 |
| 12 | LD | M10 | 30 | INCP | D10 | 50 | OUT | S0 |
| 13 | OUT | Y001 | 33 | LD | M10 | 52 | STL | S20 |
| 14 | OUT | Y003 | 34 | OUT | Y003 | 53 | LDF | X002 |
| 15 | OUT | Y005 | 35 | LD | M11 | 55 | SET | S22 |
| 16 | LD | M11 | 36 | OR | M12 | 57 | STL | S21 |
| 17 | OR | M12 | 37 | OUT | Y002 | 58 | LDF | X001 |
| 18 | OUT | Y000 | 38 | STL | S21 | 60 | SET | S22 |
| 19 | OUT | Y002 | 39 | OUT | Y000 | 62 | RET | |
| 20 | OUT | Y005 | 40 | OUT | Y004 | 63 | END | |
| 21 | LD | X001 | 41 | DECP | D10 | | | |
| 22 | SET | S20 | 44 | LD | M10 | | | |

7）系统程序功能分析

（1）系统启动。

当 PLC 从 STOP→RUN 时，特殊辅助继电器 M8002 接通一个扫描周期，使状态 S0 有效，系统启动。同时，M8000 在 PLC 的整个 RUN 期间都将输出为"1"，从而使 CMP 指令一直处于工作状态，可随时反应停车场中车辆数量是否已满。

（2）初始状态。

在初始状态 S0，当检测到停车场中车辆数量未满时，M10 的常开触点接通，驱动 Y1、Y3、Y5 输出，从而指示通道绿灯亮、停车场车辆未满，这时允许其他车辆进入停车场；当检测到停车场车辆已满时，M11 或 M12 的常开触点接通，驱动 Y0、Y2、Y5 输出，从而指示通道红灯亮、停车场车辆已满，这时不允许其他车辆进入停车场，但允许停车场的车辆开出停车场。

（3）车辆进入停车场检测。

当有车要进入停车场时，首先要从一楼出入口处进入，这时一楼处的光电开关检测到有车进入停车场，使 X001 的常开触点闭合，满足状态转移条件，进入 S20 状态。程序一旦进入 S20 状态，将驱动 Y0、Y4 输出，使通道的红灯亮，此时禁止其他车辆出入通道；同时 D10 中的内容加 1，为进入停车场中的车辆计数；S20 还要根据停车场中车辆数量来驱动已满（Y2）或未满（Y3）指示灯指示。

当车经过地下室出入口驶入停车场时，光电开关 X2 由 ON→OFF 瞬间，状态由 S20 转移到 S22，再跳转到 S0 状态，等待下一次车辆的出入。

（4）车辆开出停车场检测。

当有车要开出停车场经过地下室出入口时，光电开关 X2 由 OFF→ON，满足状态转移条件，进入状态 S21，这时将驱动 Y0、Y4 输出，使通道的红灯亮，禁止其他车辆出入通道；同时 D10 中的内容减 1，为停车场中的车辆计数；S21 还要根据停车场中车辆数量来驱动已满（Y2）或未满（Y3）指示灯指示。当车经过一楼出入口驶出停车场时，光电开关 X1 由 ON→OFF 瞬间，状态由 S21 转移到 S22，再跳转到 S0 状态，等待下一次车辆的出入。

8）系统电路图

图 6 - 51 是地下停车场停车位控制系统电路图，其电路组成及元件功能见表 6 - 32。

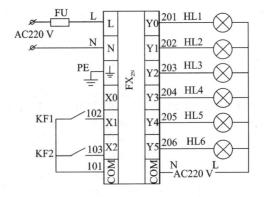

图 6 - 51　地下停车场停车位控制系统电路图

表 6 - 32 地下停车场停车位控制系统电路组成及元件功能

| 序号 | 电路名称 | | 电路组成 | 元件功能 | 备注 |
|------|---------|------|---------|---------|------|
| 1 | | 电源电路 | FU | 作负载短路保护用 | |
| 2 | 控制电路 | PLC输入电路 | KF1 | 一楼出入口处光电开关,有车辆出入该处时,KF1 为 ON | |
| 3 | | | KF2 | 地下室出入口处光电开关,有车辆出入该处时,KF2 为 ON | |
| 4 | | PLC输出电路 | HL1 | 一楼出入口处红灯 | |
| 5 | | | HL2 | 一楼出入口处绿灯 | |
| 6 | | | HL3 | 地下停车场停放车辆已满指示 | |
| 7 | | | HL4 | 地下停车场停放车辆未满指示 | |
| 8 | | | HL5 | 地下室出入口处红灯 | |
| 9 | | | HL6 | 地下室出入口处绿灯 | |

**五、操作指导**

**1. 绘制接线图**

根据电路图 6 - 51 绘制接线图,参考接线图如图 6 - 52 所示。

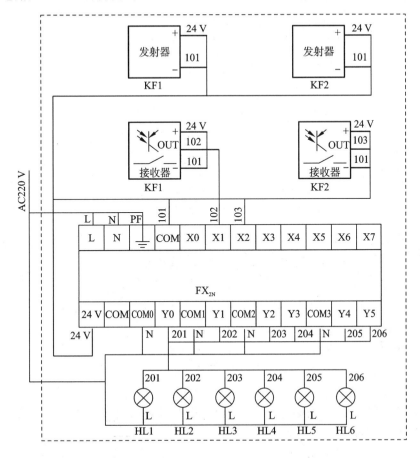

图 6 - 52 地下停车场停车位控制系统参考接线图

**2. 安装电路**

1）检查元器件

根据表 6 - 32 配齐元器件，检查元件的规格是否符合要求，检测元件的质量是否完好。在本项目中需要检测的元器件有光电开关、PLC、交通指示灯，对指示灯及 PLC 的检测方法在前面已经讲过，这里只简要说明一下光电开关好坏的检测方法。

对光电开关的好坏的判断主要是在额定电压供电的情况下，看光电开关上的指示灯（如果有）是否亮，然后在满足光电开关能接收正确的输入信号后，看光电开关有无输出信号（有输出指示灯的看指示灯）既可。

将对元器件的检查填入表 6 - 33 中。

表 6 - 33　元件检测记录表

| 序号 | 检 测 任 务 | | 正确阻值 | 测量阻值 | 备注 |
|------|------|------|------|------|------|
| 1 | 光电开关 | 有信号 | 阻值小 | | |
| | | 无信号 | 阻值大 | | |
| 2 | PLC | 输入：常态时，测量所用输入点 X 与公共端子 COM 之间的阻值 | ∞ | | |
| | | 输出：常态时，测量所用输入点 Y 与公共端子 COM 之间的阻值 | ∞ | | |
| 3 | 熔断器 | 测量熔管的阻值 | 0 | | |
| 4 | 交通灯 | 测量灯丝电阻 | $\ll\infty$ | | |

2）固定元器件

按照绘制的接线图。在这里要说明的是，如果在调试程序时无光电开关和交通灯，可用钮子开关代替光电开关，用发光二极管代替交通灯作模拟实验。

3）连接导线

根据系统图先对连接导线用号码管进行编号，再根据接线图用已编号的导线进行连线。注意在连线时，可用软线应对导线线头进行绞紧处理。

4）检查电路连接

线路连接好后，再对照系统图或安装图认真检查线路是否连接正确，然后再用万用表欧姆挡测试电源输入端和负载输出端是否有短路现象。

**3. 输入梯形图**

地下停车场停车位步进梯形图如图 6 - 50 所示。

**4. 通电调试、监控系统**

当程序写入 PLC 后，按照设计要求可用 FXGP 来调试 PLC 程序。如果有问题，可以通过 FXGP 提供的调试工具来确定问题所在。

**5. 运行结果分析**

运行结果填入表 6 - 34 中。

表 6 - 34　结果分析

| 操作步骤 | | 操作内容 | 负载 | 观察结果 | 正确结果 |
|---|---|---|---|---|---|
| 1 | | 开机 | | | HL2、HL4、HL6 亮 |
| 2 | 1 | 先 SQ1 闭合，SQ2 断开 | 指示灯 | | HL1、HL5 亮，这时如果车辆已满，则 HL3，反之 HL4 亮 |
| | 2 | 后 SQ1，SQ2 断开 | | | 保持上一步的状态 |
| | 3 | 然后 SQ1 断开，SQ2 闭合 | | | 保持上一步的状态 |
| | 4 | 最后 SQ1，SQ2 断开 | | | 如果车辆已满，则 HL1、HL3、HL6 亮，反之 HL2、HL4、HL6 亮 |
| 3 | 1 | 先 SQ1 断开，SQ2 闭合 | | | HL1、HL5 亮，这时如果车辆已满，则 HL3，反之 HL4 亮 |
| | 2 | 后 SQ1，SQ2 断开 | | | 保持上一步的状态 |
| | 3 | 然后 SQ2 断开，SQ1 闭合 | | | 保持上一步的状态 |
| | 4 | 最后 SQ1，SQ2 断开 | | | 如果车辆已满，则 HL1、HL3、HL6 亮，反之 HL2、HL4、HL6 亮 |

当 PLC 从 STOP→RUN 时，系统启动运行，系统此时处于初始状态，即一楼和地下室的出入口处的绿灯点亮，车辆作未满指示，表明此时可以将车开出或开入停车场；在第二大操作步骤中，是将车开入停车场，这时应作车辆加 1 计数，同时一楼和地下室的出入口处的红灯点亮，这时不允许其他车出入车道，直到车开入停车场；在第三大操作步骤中，是将车开出停车场，这时应作车辆减 1 计数，同时一楼和地下室的出入口处的红灯点亮，这时不允许其他车出入车道，直到车开出停车场；当停车场的车已满时，这时不允许车开入停车场，但可以开出停车场。

**6. 操作要点**

该系统利用 PLC 的方式，开关从 STOP→RUN 时，系统启动运行；要使系统停止工作，可采用以下方法：

（1）同样利用 PLC 的方式开关，将方式开关打在 STOP 位置就可使系统停止工作；

（2）在程序中加入 ZRST 指令，使工作状态复位，已可使系统停止工作，但这时要加入一个 S0 的手动启动条件。

如果程序在调试中,需要清除车辆计数器 D10 中的内容,可以在程序中加入 LD X10; MOVP K0,D10 程序段。

## 六、质量评价标准

项目质量考核要求及评分标准见表 6-35。

表 6-35 质量评价表

| 考核项目 | 考 核 要 求 | 配分 | 评 分 标 准 | 扣分 | 得分 | 备注 |
|---|---|---|---|---|---|---|
| 程序设计 | (1) 能利用组合逻辑设计法设计风机监控程序;<br>(2) 能完成脉冲程序的设计 | 20 | (1) 输入/输出地址遗漏或写错,每处扣 2 分;<br>(2) 梯形图表达不正确或画法不规范,每处扣 2 分;<br>(3) 指令有错,每条扣 2 分 | | | |
| 系统安装 | (1) 会安装元件;<br>(2) 按图完整、正确、规范接线;<br>(3) 按照要求编号 | 30 | (1) 元件松动扣 2 分,损坏一处扣 4 分01;<br>(2) 错、漏线每处扣 2 分;<br>(3) 错、漏编号,每处扣 1 分 | | | |
| 编程操作 | (1) 会建立程序新文件;<br>(2) 正确输入梯形图;<br>(3) 正确保存文件 | 20 | (1)不能建立程序新文件或建立错误扣 4 分;<br>(2) 输入梯形图错误一处扣 2 分 | | | |
| 运行操作 | (1) 操作运行系统,分析运行结果;<br>(2) 会监控梯形图 | 20 | (1) 系统通电操作错误一步扣 3 分;<br>(2) 分析运行结果错误一处扣 2 分;<br>(3) 监控梯形图错误一处扣 2 分;<br>(4) 验证串行工作方式错误扣 5 分 | | | |
| 安全生产 | 自觉遵守安全文明生产规程 | 10 | (1) 每违反一项规定,扣 3 分;<br>(2) 发生安全事故,按 0 分处理;<br>(3) 漏接接地线一处扣 5 分 | | | |
| 时间 | 2 小时 | | 提前正确完成,每 5 分钟加 2 分;<br>超过定额时间,每 5 分钟扣 2 分 | | | |
| 开始时间 | | 结束时间 | | 实际时间 | | |

## 七、拓展与提高

### 1. 速度检测指令 SPD 的指令格式

速度检测指令格式为:

FNC56 SPD [S1·][S2·][D·]。

指令概述如表 6-36 所示。

表 6-36　速度检测指令概述

| 指令名称 | 助记符 | 指令代码 | 操作数 | | | 程序步 |
| --- | --- | --- | --- | --- | --- | --- |
| | | | S1 | S2 | D | |
| 速度检测指令 | SPD | FNC56 | X0～X5 | K、H<br>KnX、KnY、KnM、KnS<br>T、C、D<br>V、Z | T、C、D<br>V、Z | SPD 7 步 |

**2. SPD 指令说明**

[S1·]：用于指定计数脉冲输入端。只能使用 X0～X5，这是因为 PLC 在硬件设计上只允许高速脉冲信号从 X0～X5 这 6 个输入端子上引入，其他端子不能对高速脉冲信号进行处理。

[S2·]：用于指定计数时间，既测量周期，单位 ms。表示在[S2·]所设定的时间内对[S1·]的输入脉冲计数。

[D·]：由 3 个相邻元件组成，首地址[D·]存放测量周期内输入的脉冲数；第二个元件存放正在进行的测量周期内已经输入的脉冲数；第三个元件存放正在进行的测量周期内还剩余的时间。

该指令和算术运算指令配合使用可以测量出机械运动的转速或线速度。

转速公式：

$$N = \frac{60 \times [D \cdot]}{n \times [S2 \cdot]} \times 10^3 \ r/min$$

图 6-53 所示为测量电动机转速示意图，将编码盘（设有 360 个透光孔）装在电动机的转轴上，当电动机旋转时，光电传感器将产生脉冲信号（每转输出 360 个），由 X0 输入端口送入 PLC。

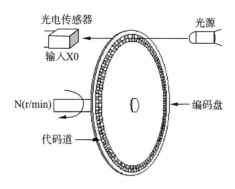

图 6-53　测量电动机转速示意图

结合图 6-53 来说明上面的转速公式含意：[D·]为单位时间内计到的由 X0 端输入的脉冲个数；n 为编码器转一周所产生的脉冲个数，图 6-53 为 360 个脉冲；[S2·]为测量周期；

而[D·]/n 为电动机转动的转数,单位为 r;由于[S2·]时间是 ms,要化成 s,所以×10³,再把 s 化成 min,所以×60,这样就得到转速的单位 r/min。

### 3. SPD 举例

用旋转编码器测量电动机的转速,编码器每转输出 360 个脉冲(如图 6-53 所示),试写出 PLC 的控制程序。

(1)分析。要测量电动机的转速,可以用 SPD 指令测出 100 ms 所得到的脉冲个数为 D0,然后带到公式中进行计算;公式中有乘除运算,我们可以对公式中的常数进行约分,然后再进行计算。设编码器输出的脉冲送入到 PLC 的 X0 输入端,D10 用于存入电动机的转速。

(2)由以上分析可以对电动机的转速进行如下计算:

$$N = \frac{60 \times [D \cdot]}{n \times [S2 \cdot]} \times 10^3 = \frac{60 \times (D0)}{360 \times 100} \times 10^3 = \frac{60 \times (D0)}{36} = \frac{5}{3}(D0)$$

(3)由此可得到梯形图,如图 6-54 所示。

当 X10=1 时,执行 SPD 指令,接收来自 X0 端口的脉冲信号,经过 100ms 的时间后,将脉冲个数放入 D0 中;MUL 乘法指令将 D0 的值与数值 5 相乘,结果存入 D2、D3 中;DDIV 除法指令执行 32 位运算,将 D2、D3 中的数据与 3 相除,其结果整数部分存入 D10 中,既得到电动机每分钟的转速。

图 6-54　电动机转速测量梯形图

### 八、项目拓展

(1)如何用 SPD 速度检测指令和算术运算指令计算机械运动的线速度(直线运动)?

(2)某车间有 6 个工作台,如图 6-55 所示,送料车往返于工作台之间送料,每个工作台设有一个到位开关(SQ)和一个呼叫按钮(SB)。

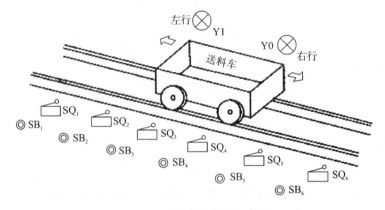

图 6-55　运料车工作台示意图

具体控制要求：

① 送料车开始应能停留在 6 个工作台中任意一个到位开关的位置上。

② 设送料车现暂停于 m 号工作台(SQm 闭合)处，这时 n 号工作台呼叫(SBn 为闭合)，若：

a. m＞n，送料车左行，直至 SQn 动作，到位停车。即送料车停车位置 SQ 的编号大于呼叫按钮 SB 的编号时，送料车往左运行至呼叫位置后停止；

b. m＜n，送料车右行，直 SQn 至动作，到位停车。即送料车所停位置 SQ 的编号小于呼叫按钮 SB 的编号时，送料车往右运行至呼叫位置后停止；

c. m＝n，送料车原位不动。即送料车所停位置 SQ 的编号与呼叫按钮 SB 的编号相同时，送料车不动。

（3）有一汽车停车场，最大容量只能停车 100 辆，有两个光电开关，其中 0 号光电开关安装在车库的入口处，用来检测有车进入停车场，1 号光电开关安装在车库的出口处，用来检测有车开出停车场。有绿色、红色、黄色三盏灯用来指示停车场的停车情况(设停车场初始车辆为 0)。用 PLC 实现停车场停车位的控制，控制要求如下：

① 当停车场未存满 100 辆车时，绿灯亮，指示停车场有空车位，允许车进入；

② 当停车场存满 100 辆车时，红灯亮，指示停车场车位已满；

③ 当黄灯亮时，指示停车场所停的车已超过 100 辆，不允许车再进入。

# 项目5　变频器控制的恒压供水系统

## 一、学习目标

（1）掌握 MM－420 变频器面板操作方法。

（2）掌握 MM－420 变频器的编程方法。

（3）掌握 MM－420 变频器主回路端子和控制端子的接线方法。

（4）掌握变频器控制的恒压供水系统的工作原理。

（5）熟悉 MM－420 变频器在恒压供水系统当中的使用。

## 二、学习任务

### 1. 项目任务

用户用水量一般是动态的，因此供水不足或供水过剩的情况时有发生。而用水和供水之间的不平衡集中反映在供水的压力上，即用水多而供水少，则压力低；用水少而供水多，则压力大。保持供水压力的恒定，可使供水和用水之间保持平衡，即用水多时供水也多，用水少时供水也少，从而提高了供水的质量。

本项目的学习任务包含以下内容：MM－420 变频器的原理框图与接线；MM－420 变频器的操作面板；MM－420 变频器的参数；MM－420 变频器的基本运行模式；变频器控制的恒压供水系统。

### 2. 任务流程图

本项目的任务流程图见图 6-56。

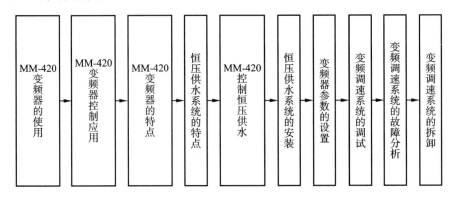

图 6-56　任务流程图

## 三、环境设备

学习本项目所需工具、设备见表 6-37。

**表 6-37　工具、设备清单**

| 序号 | 分类 | 名称 | 型号规格 | 数量 | 单位 | 备注 |
|------|------|------|----------|------|------|------|
| 1 | 工具 | 常用电工工具 | | 1 | 套 | |
| 2 | | 数字万用表 | DT9250 | 1 | 只 | |
| 3 | 设备 | 变频器 | MM420 | 1 | 只 | |
| 4 | | 三相异步电动机 | | 1 | 只 | |
| 5 | | 转速表 | DQ03-1 | 1 | 只 | |
| 6 | | 绝缘连接导线 | | 10 | 只 | |
| 7 | | PLC | $FX_{2N}48-MR$ | 1 | 个 | |
| 8 | | 转换接口 | RS485 | 1 | 个 | |

## 四、背景知识

### 1. MM-420 变频器的原理框图与接线

MICROMASTER420(简称 MM-420)变频器的原理方框图如图 6-57 所示，接线如图 6-58 和图 6-59 所示。

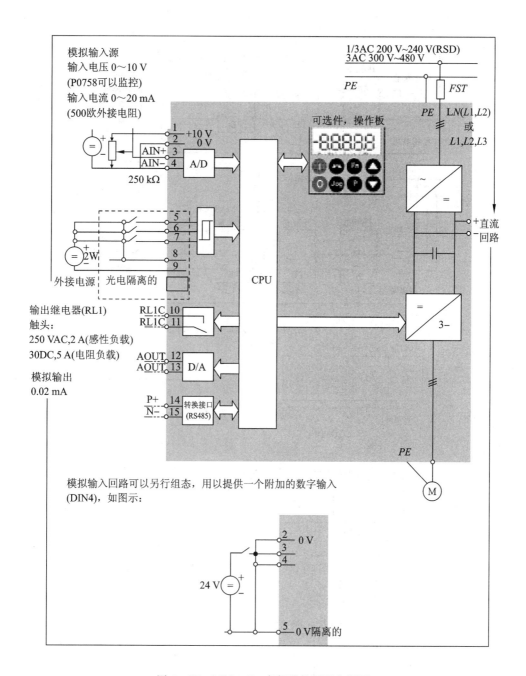

图 6-57 MM-420 变频器的原理方框图

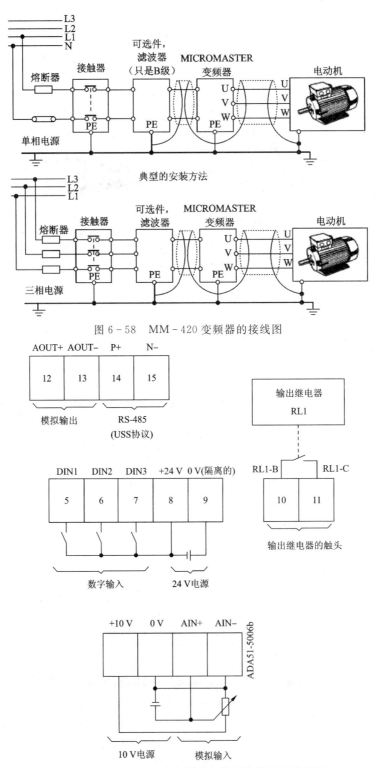

图 6 - 58　MM - 420 变频器的接线图

图 6 - 59　MM - 420 变频器弱电控制接线端子排列图

## 2. MM - 420 变频器的操作面板

MM - 420 变频器的 BOP 操作面板的外形如图 6 - 60 所示，BOP 操作面板按钮功能如

表 6 - 38 所示。

图 6 - 60   MM - 420 变频器的 BOP 操作面板

**表 6 - 38   BOP 操作面板按钮功能**

| 显示/按钮 | 功能 | 功能的说明 |
|---|---|---|
| r0000 | 状态显示 | LCD 显示变频器当前的设定值 |
| ① | 启动变频器 | 按此键启动变频器，缺省值运行时此键是被封锁的。为了使此键的操作有效，应设定 P0700＝1 |
| ⓪ | 停止变频器 | OFF1，按此键，变频器将按选定的斜坡下降速率减速停车，缺省值运行时此键被封锁。为了允许此键操作，应设定 P0700＝1<br>OFF2：按此键两次（或一次，但时间较长）电动机将在惯性作用下自由停车。此功能总是"使能"的 |
| ◉ | 改变电动机的转动方向 | 按此键可以改变电动机的转动方向。电动机的反向用负号（－）表示或用闪烁的小数点表示。缺省值运行时此键是被封锁的，为了使此键的操作有效，应设定 P0700＝1 |
| jog | 电动机点动 | 在变频器无输出的情况下按此键，将使电动机启动，并按预设定的点动频率运行。释放此键时，变频器停车。如果变频器/电动机正在运行，按此键将不起作用 |
| Fn | 功能 | 此键用于浏览辅助信息<br>变频器运行过程中，在显示任何一个参数时按下此键并保持不动 2 秒钟，将显示以下参数值（在变频器运行中，从任何一个参数开始）：<br>1. 直流回路电压（用 d 表示，单位为 V）<br>2. 输出电流（A）<br>3. 输出频率（Hz）<br>4. 输出电压（用 o 表示，单位为 V）<br>5. 由 P0005 选定的数值（如果 P0005 选择显示上述参数中的任何一个（3，4 或 5），这里将不再显示）<br>连续多次按下些键，将轮流显示以上参数<br>跳转功能：在显示任何一个参数（rXXXX 或 PXXXX）时短时间按下此键，将立即跳转到 r0000，如果需要的话，您可以换着修改其他的参数。跳转到 r0000 后，按此键将返回原来的显示点 |
| Ⓟ | 访问参数 | 按此键即可访问参数 |
| ▲ | 增加数值 | 按此键即可增加面板上显示的参数数值 |
| ▼ | 减少数值 | 按此键即可减少面板上显示的参数数值 |

### 3．MM－420 变频器参数设置

变频器的参数只能用基本操作面板（BOP），高级操作面板（AOP）或者通过串行通信接口进行修改。用 BOP 可以修改和设定系统参数，使变频器具有期望的特性，例如，斜坡时间、最小和最大频率等。选择的参数号和设定的参数值在五位数字的 LCD（可选件）上显示，具体如下：

只读参数用 rxxxx 表示，Pxxxx 表示设置的参数。

P0010 启动"快速调试"。

如果 P0010 被访问以后没有设定为 0，变频器将不运行。如果 P3900＞0，这一功能是自动完成的。

P0004 的作用是过滤参数，据此可以按照功能去访问不同的参数。

如果试图修改一个参数，而在当前状态下此参数不能修改，例如，不能在运行时修改该参数或者该参数只能在快速调试时才能修改，那么将显示 ═════。

忙碌信息：某些情况下在修改参数的数值时 BOP 上显示 p－－－－－；最多可达 5 秒。这种情况表示变频器正忙于处理优先级更高的任务。

访问级：变频器的参数有 4 个用户访问级；即标准访问级，扩展访问级，专家访问级和维修级。访问的等级由参数 P0003 来选择。对于大多数应用对象，只要访问标准级（P0003＝1）和扩展级（P0003＝2）参数就足够了。每组功能中出现的参数号取决于 P0003 中设定的访问级。

（1）参数概览。

参数概览见图 6－61 所示。

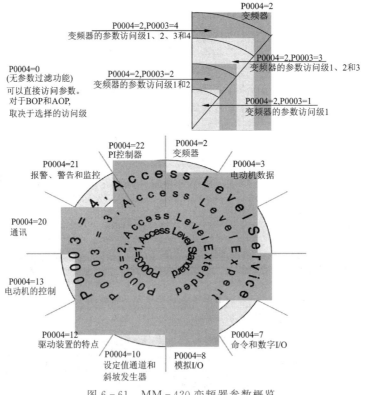

图 6－61　MM－420 变频器参数概览

（2）参数表。

参数表 6-39～6-48 中有关信息的含义是：

Default：设备出厂时的设置值；

Level：用户访问的等级；

DS 变频器的状态（驱动装置的状态）：表明变频器的这一参数在什么时候可以进行修改（参看 P0010）；

Q：该参数在快速调试状态时可以进行修改；

N：该参数在快速调试状态时不可以进行修改。

表 6-39 常用的参数

| 参数号 | 参数名称 | Default | Level | DS | QC |
|---|---|---|---|---|---|
| r0000 | 驱动装置只读参数的显示值 | — | 2 | — | — |
| P0003 | 用户的参数访问级 | 1 | 1 | CUT | — |
| P0004 | 参数过滤器 | 0 | 1 | CUT | — |
| P0010 | 调试用的参数过滤器 | 0 | 1 | CT | N |
| P3950 | 访问隐含的参数 | 0 | 4 | CUT | — |

表 6-40 快速调速

| 参数号 | 参数名称 | Default | Level | DS | QC |
|---|---|---|---|---|---|
| P0100 | 适用于欧洲/北美地区 | 0 | 1 | C | Q |
| P3900 | "快速调试"结束 | 0 | 1 | C | Q |

表 6-41 参数复位

| 参数号 | 参数名称 | Default | Level | DS | QC |
|---|---|---|---|---|---|
| P0970 | 复位为工厂设置值 | 0 | 1 | C | — |

表 6-42 变频器（P0004 = 2）

| 参数号 | 参数名称 | Default | Level | DS | QC |
|---|---|---|---|---|---|
| r0018 | 微程序的版本 | — | 1 | ⋯ | ⋯ |
| r0026 | CO:直流回路电压实际值 | — | 2 | — | — |
| r0037[1] | CO:变频器温度[℃] | — | 3 | — | — |
| r0039 | CO:能量消耗计量表[kWh] | — | 2 | — | — |
| P0040 | 能量消耗计量表清零 | 0 | 2 | CT | — |
| r0200 | 功率组合件的实际标号 | — | 3 | — | — |
| P0201 | 功率组合件的标号 | 0 | 3 | C | — |
| r0203 | 变频器的实际型号 | — | 3 | — | — |
| r0204 | 功率组合件的特征 | — | 3 | — | — |
| r0206 | 变频器的额定功率[Kw]/[hp] | — | 2 | — | — |
| r0207 | 变频器的额定电流 | — | 2 | — | — |

续表

| 参数号 | 参数名称 | Default | Level | DS | QC |
|---|---|---|---|---|---|
| r0208 | 变频器的额定电压 | — | 2 | — | — |
| P0210 | 电源电压 | 230 | 3 | CT | — |
| r0231[2] | 电缆的最大长度 | — | 3 | — | — |
| P0290 | 变频器的过载保护 | 2 | 3 | CT | — |
| P0291[1] | 变频器保护的配置 | 1 | 3 | CT | — |
| P0292 | 变频器的过载报警信号 | 15 | 3 | CUT | — |
| P0294 | 变频器的 $I^2T$ 过载报警 | 95.0 | 4 | CUT | — |
| P1800 | 脉宽调制频率 | 4 | 2 | CUT | — |
| r1801 | CO:脉宽调制的开关频率实际值 | — | 3 | — | — |
| P1802 | 调制方式 | 0 | 3 | CUT | — |
| P1803[1] | 最大调制 | 106.0 | 4 | CUT | — |
| P1820[1] | 输出相序反向 | 0 | 2 | CT | — |
| r3954[13] | CM 版本和 GUI ID | — | 4 | — | — |
| P3980 | 调试命令的选择 | — | 4 | T | — |

**表 6-43　电动机数据(P0004＝3)**

| 参数号 | 参数名称 | Default | Level | DS | QC |
|---|---|---|---|---|---|
| r0035[3] | CO:电动机温度实际值 | — | 2 | — | — |
| P0300[1] | 选择电动机类型 | 1 | 2 | C | Q |
| P0304[1] | 电动机额定电压 | 230 | 1 | C | Q |
| P0305[1] | 电动机额定电流 | 3.25 | 1 | C | Q |
| P0307[1] | 电动机额定功率 | 0.75 | 1 | C | Q |
| P0308[1] | 电动机额定功率因数 | 0.000 | 2 | C | Q |
| P0309[1] | 电动机额定效率 | 0.0 | 2 | C | Q |
| P0310[1] | 电动机额定频率 | 50.00 | 1 | C | Q |
| P0311[1] | 电动机额定速度 | 0 | 1 | C | Q |
| r0313[1] | 电动机的极对数 | — | 3 | — | — |
| P0320[1] | 电动机的磁化电流 | 0.0 | 3 | CT | Q |
| r0330[1] | 电动机的额定滑差 | — | 3 | — | — |
| r0331[1] | 电动机的额定磁化电流 | — | 3 | — | — |
| r0332[1] | 电动机的额定功率因数 | — | 3 | — | — |
| P0335[1] | 电动机的冷却方式 | 0 | 2 | CT | Q |
| P0340[1] | 电动机模型参数的计算 | 0 | 2 | CT | Q |
| P0344[1] | 电动机的重量 | 9.4 | 3 | CUT | — |

续表

| 参数号 | 参数名称 | Default | Level | DS | QC |
|---|---|---|---|---|---|
| P0346[1] | 磁化时间 | 1.000 | 3 | CUT | — |
| P0347[1] | 祛磁时间 | 1.000 | 3 | CUT | — |
| P0350[1] | 定子电阻(线间) | 4.0 | 2 | CUT | — |
| r0370[1] | 定子电阻[%] | — | 4 | — | — |
| r0372[1] | 电缆电阻[%] | — | 4 | — | — |
| r0373[1] | 额定定子电阻[%] | — | 4 | — | — |
| r0374[1] | 转子电阻[%] | — | 4 | — | — |
| r0376[1] | 额定转子电阻[%] | — | 4 | — | — |
| r0377[1] | 总漏抗[%] | — | 4 | — | — |
| r0382[1] | 主电抗 | — | 4 | — | — |
| r0384[1] | 转子时间常数 | — | 3 | — | — |
| r0386[1] | 总漏抗时间常数 | — | 4 | — | — |
| r0395 | CO:定子总电阻[%] | — | 3 | — | — |
| P0610 | 电动机 $I^2t$ 过温的应对措施 | 2 | 3 | CT | — |
| P0611[1] | 电动机 $I^2t$ 时间常数 | 100 | 2 | CT | — |
| P0614[1] | 电动机 $I^2t$ 过载报警的电平 | 100.0 | 2 | CUT | — |
| P0640[1] | 电动机的电流限制 | 150.0 | 2 | CUT | Q |
| P1910 | 选择电动机数据是否自动测定 | 0 | 2 | CT | Q |
| r1912 | 自动测定的定子电阻 | — | 2 | — | — |

**表 6-44 命令和数字 I/O(P0004＝7)**

| 参数号 | 参数名称 | Default | Level | DS | QC |
|---|---|---|---|---|---|
| r0002 | 驱动装置的状态 | — | 2 | — | — |
| r0019 | CO/BO:BOP 控制字 | — | 3 | — | — |
| r0052 | CO/BO:激活的状态字 1 | — | 2 | — | — |
| r0053 | CO/BO:激活的状态字 2 | — | 2 | — | — |
| r0054 | CO/BO:激活的控制字 1 | — | 3 | — | — |
| r0055 | CO/BO:激活的控制字 2 | — | 3 | — | — |
| P0700[1] | 选择命令源 | 2 | 1 | CT | Q |
| P0701[1] | 选择数字输入 1 的功能 | 1 | 2 | CT | — |
| P0702[1] | 选择数字输入 2 的功能 | 12 | 2 | CT | — |
| P0703[1] | 选择数字输入 3 的功能 | 9 | 2 | CT | — |
| P0704[1] | 选择数字输入 4 的功能 | 0 | 2 | CT | — |
| P0719 | 选择命令和频率设定值 | 0 | 3 | CT | — |

续表

| 参数号 | 参数名称 | Default | Level | DS | QC |
|---|---|---|---|---|---|
| r0720 | 数字输入的数目 | — | 3 | — | — |
| r0722 | CO/BO:各个数字输入的状态 | — | 2 | — | — |
| P0724 | 开关量输入的防颤动时间 | 3 | 3 | CT | — |
| P0725 | 选择数字输入的 PNP/NPN 接线方式 | 1 | 3 | CT | — |
| r0730 | 数字输出的数目 | — | 3 | — | — |
| P0731[1] | BI:选择数字输出的功能 | 52:3 | 2 | CUT | — |
| r0747 | CO/BO:各个数字输出的状态 | — | 3 | — | — |
| P0748 | 数字输出反相 | 0 | 3 | CUT | — |
| P0800[1] | BI:下载参数组 0 | 0:0 | 3 | CT | — |
| P0801[1] | BI:下载参数组 1 | 0:0 | 3 | CT | — |
| P0840[1] | BI:ON/OFF1 | 722.0 | 3 | CT | — |
| P0842[1] | BI:ON/OFF1,反转方向 | 0:0 | 3 | CT | — |
| P0844[1] | BI:1.OFF2 | 1:0 | 3 | CT | — |
| P0845[1] | BI:2.OFF2 | 19:1 | 3 | CT | — |
| P0848[1] | BI:1.OFF3 | 1:0 | 3 | CT | — |
| P0849[1] | BI:2.OFF3 | 1:0 | 3 | CT | — |
| P0852[1] | BI:脉冲使能 | 1:0 | 3 | CT | — |
| P1020[1] | BI:固定频率选择,位 0 | 0:0 | 3 | CT | — |
| P1021[1] | BI:固定频率选择,位 1 | 0:0 | 3 | CT | — |
| P1022[1] | BI:固定频率选择,位 2 | 0:0 | 3 | CT | — |
| P1035[1] | BI:使能 MOP(升速命令) | 19.13 | 3 | CT | — |
| P1036[1] | BI:使能 MOP(减速命令) | 19.14 | 3 | CT | — |
| P1055[1] | BI:使能正向点动 | 0.0 | 3 | CT | — |
| P1056[1] | BI:使能反向点动 | 0.0 | 3 | CT | — |
| P1074[1] | BI:禁止辅助设定值 | 0.0 | 3 | CUT | — |
| P1110[1] | BI:禁止负向的频率设定值 | 0.0 | 3 | CT | — |
| P1113[1] | BI:反向 | 722.1 | 3 | CT | — |
| P1124[1] | BI:使能点动斜坡时间 | 0.0 | 3 | CT | — |
| P1230[1] | BI:使能直流注入制动 | 0.0 | 3 | CUT | — |
| P2103[1] | BI:1.故障确认 | 722.2 | 3 | CT | — |
| P2104[1] | BI:2 故障确认 | 0.0 | 3 | CT | — |
| P2106[1] | BI:外部故障 | 1.0 | 3 | CT | — |
| P2104[1] | BI:2 故障确认 | 0.0 | 3 | CT | — |

| 参数号 | 参数名称 | Default | Level | DS | QC |
|---|---|---|---|---|---|
| P2220[1] | BI:固定 PID 设定值选择，位 0 | 0.0 | 3 | CT | — |
| P2221[1] | BI:固定 PID 设定值选择，位 1 | 0.0 | 3 | CT | — |
| P2222[1] | BI:固定 PID 设定值选择，位 2 | 0.0 | 3 | CT | — |
| P2235[1] | BI:使能 PID－MOP(升速命令) | 19.13 | 3 | CT | — |
| P2236[1] | BI:使能 PID－MOP(减速命令) | 19.14 | 3 | CT | — |

表 6－45 模拟 I/O(P0004＝8)

| 参数号 | 参数名称 | Default | Level | DS | QC |
|---|---|---|---|---|---|
| r0750 | ADC(模/数转换输入)的数目 | — | 3 | — | — |
| r0751 | CO/BO:状态字:ADC 通道 | — | 4 | — | — |
| r0752[1] | ADC 的实际输入[V] | — | 2 | — | — |
| P0753[1] | ADC 的平滑时间 | 3 | 3 | CUT | — |
| r0754[1] | 标定后的 ADC 实际值[%] | — | 2 | — | — |
| r0755[1] | CO:标定后的 ADC 实际值[4000h] | — | 2 | — | — |
| P0756[1] | ADC 的类型 | 0 | 2 | CT | — |
| P0757[1] | ADC 输入特性标定的 x1 值 | 0 | 2 | CUT | — |
| P0758[1] | ADC 输入特性标定的 y1 值 | 0.0 | 2 | CUT | — |
| P0759[1] | ADC 输入特性标定的 x2 值 | 10 | 2 | CUT | — |
| P0760[1] | ADC 输入特性标定的 y2 值 | 100.0 | 2 | CUT | — |
| P0761[1] | ADC 死区的宽度 | 0 | 2 | CUT | — |
| P0762[1] | 信号消失的延迟时间 | 10 | 3 | CUT | — |
| r0770 | DAC(数/模转换输出)的数目 | — | 3 | — | — |
| P0771[1] | CI:DAC 输出功能选择 | 21:0 | 2 | CUT | — |
| P0773[1] | DAC 的平滑时间 | 2 | 3 | CUT | — |
| r0774[1] | 实际的 DAC 输出值 | 0 | 2 | — | — |
| r0776 | DAC 的类型 | 0 | 3 | CT | — |
| P0777[1] | DAC 输出特性标定的 x1 值 | 0.0 | 2 | CUT | — |
| P0778[1] | DAC 输出特性标定的 y1 值 | 0 | 2 | CUT | — |
| P0779[1] | DAC 输出特性标定的 x2 值 | 100.0 | 2 | CUT | — |
| P0780[1] | DAC 输出特性标定的 y2 值 | 20 | 2 | CUT | — |
| P0781[1] | DAC 死区的宽度 | 0 | 2 | CUT | — |

表 6 - 46  设定值通道和斜坡函数发生器(P0004＝10)

| 参数号 | 参数名称 | Default | Level | DS | QC |
|---|---|---|---|---|---|
| P1000[1] | 选择频率设定值 | 2 | 1 | CT | Q |
| P1001 | 固定频率 1 | 0.00 | 2 | CUT | — |
| P1002 | 固定频率 2 | 5.00 | 2 | CUT | — |
| P1003 | 固定频率 3 | 10.00 | 2 | CUT | — |
| P1004 | 固定频率 4 | 15.00 | 2 | CUT | — |
| P1005 | 固定频率 5 | 20.00 | 2 | CUT | — |
| P1006 | 固定频率 6 | 25.00 | 2 | CUT | — |
| P1007 | 固定频率 7 | 30.00 | 2 | CUT | — |
| P1016 | 固定频率方式一位 0 | 1 | 3 | CT | — |
| P1017 | 固定频率方式一位 1 | 1 | 3 | CT | — |
| P1018 | 固定频率方式一位 2 | 1 | 3 | CT | — |
| r1024 | CO:固定频率的实际值 | — | 3 | — | — |
| P1031[1] | 存储 MOP 的设定值 | 0 | 2 | CUT | — |
| P1032 | 禁止反转的 MOP 设定值 | 1 | 2 | CT | — |
| P1040[1] | MOP 的设定值 | 5.00 | 2 | CUT | — |
| r1050 | CO:MOP 的实际输出频率 | — | 3 | — | — |
| P1058 | 正向点动频率 | 5.00 | 2 | CUT | — |
| P1059 | 反向点动频率 | 5.00 | 2 | CUT | — |
| P1060[1] | 点动的斜坡上升时间 | 10.00 | 2 | CUT | — |
| P1061[1] | 点动的斜坡下降时间 | 10.00 | 2 | CUT | — |
| P1070[1] | CI:主设定值 | 755.0 | 3 | CT | — |
| P1071[1] | CI:标定的主设定值 | 1.0 | 3 | T | — |
| P1075[1] | CI:辅助设定值 | 0.0 | 3 | CT | — |
| P1076[1] | CI:标定的辅助设定值 | 1.0 | 3 | T | — |
| r1078 | CO:总的频率设定值 | — | 3 | — | — |
| r1079 | CO:选定的频率设定值 | — | 3 | — | — |
| P1080 | 最小频率 | 0.00 | 1 | CUT | Q |
| P1082 | 最大频率 | 50.00 | 1 | CT | Q |
| P1091 | 跳转频率 1 | 0.00 | 3 | CUT | — |
| P1092 | 跳转频率 2 | 0.00 | 3 | CUT | — |
| P1093 | 跳转频率 3 | 0.00 | 3 | CUT | — |
| P1094 | 跳转频率 4 | 0.00 | 3 | CUT | — |
| P1101 | 跳转频率的带宽 | 2.0 | 3 | CUT | — |
| r1114 | CO:方向控制后的频率设定值 | — | 3 | — | — |

续表

| 参数号 | 参数名称 | Default | Level | DS | QC |
|---|---|---|---|---|---|
| r1119 | CO:未经斜坡函数发生器的频率设定值 | — | 3 | — | — |
| P1120[1] | 斜坡上升时间 | 10.00 | 1 | CUT | Q |
| P1121[1] | 斜坡下降时间 | 10.00 | 1 | CUT | Q |
| P1130[1] | 斜坡上升起始段圆弧时间 | 0.00 | 2 | CUT | — |
| P1131[1] | 斜坡上升结束段圆弧时间 | 0.00 | 2 | CUT | — |
| P1132[1] | 斜坡下降起始段圆弧时间 | 0.00 | 2 | CUT | — |
| P1133[1] | 斜坡下降结束段圆弧时间 | 0.00 | 2 | CUT | — |
| P1134[1] | 平滑圆弧的类型 | 0 | 2 | CUT | — |
| P1135[1] | OFF3 斜坡下降时间 | 5.00 | 2 | CUT | Q |
| P1140[1] | BI:斜坡函数发生器使能 | 1.0 | 4 | CT | — |
| P1141[1] | BI:斜坡函数发生器开始 | 1.0 | 4 | CT | — |
| P1142[1] | BI:斜坡函数发生器使能设定值 | 1.0 | 4 | CT | — |
| r1170 | CO:通过斜坡函数发生器后的频率设定值 | — | 3 | — | — |

**表 6 - 47　驱动装置的特点（P0004 = 12）**

| 参数号 | 参数名称 | Default | Level | DS | QC |
|---|---|---|---|---|---|
| P0005 | 选择需要显示的参量 | 21 | 2 | CUT | — |
| P0006 | 显示方式 | 2 | 3 | CUT | — |
| P0007 | 背板亮光延迟时间 | 0 | 3 | CUT | — |
| P0011 | 锁定用户定义的参数 | 0 | 3 | CUT | — |
| P0012 | 用户定义的参数解锁 | 0 | 3 | CUT | — |
| P0013[20] | 用户定义的参数 | 0 | 3 | CUT | — |
| P1200 | 捕捉再启动投入 | 0 | 2 | CUT | — |
| P1202[1] | 电动机电流:捕捉再启动 | 100 | 3 | CUT | — |
| P1203[1] | 搜寻速率:捕捉再启动 | 100 | 3 | CUT | — |
| P1204 | 状态字:捕捉再启动 | — | 4 | — | — |
| P1210 | 自动再启动 | 1 | 2 | CUT | — |
| P1211 | 自动再启动的重试次数 | 3 | 3 | CUT | — |
| P1215 | 使能抱闸制动(MHB) | 0 | 2 | T | — |
| P1216 | 释放抱闸制动的延迟时间 | 1.0 | 2 | T | — |
| P1217 | 斜坡下降后的抱闸保持时间 | 1.0 | 2 | T | — |
| P1232 | 直流注入制动的电流 | 100 | 2 | CUT | — |
| P1233 | 直流注入制动的持续时间 | 0 | 2 | CUT | — |

续表

| 参数号 | 参数名称 | Default | Level | DS | QC |
|---|---|---|---|---|---|
| P1236 | 复合制动电流 | 0 | 2 | CUT | — |
| P1240[1] | 直流电压(Vdc)控制器的组态 | 1 | 3 | CT | — |
| r1242 | CO:最大直流电压(Vdc-max)的接电平 | — | 3 | — | — |
| P1243[1] | 最大直流电压的动态因子 | 100 | 3 | CUT | — |
| P1250[1] | 直流电压(Vdc)控制器的增益系数 | 1.00 | 4 | CUT | — |
| P1251[1] | 直流电压(Vdc)控制器的积分时间 | 40.0 | 4 | CUT | — |
| P1252[1] | 直流电压(Vdc)控制器的微分时间 | 1.0 | 4 | CUT | — |
| P1253[1] | 直流电压控制器的输出限幅 | 10 | 3 | CUT | — |
| P1254 | 直流电压接通电平的自动检测 | 1 | 3 | CT | — |

**表 6-48　电动机的控制(P0004=13)**

| 参数号 | 参数名称 | Default | Level | DS | QC |
|---|---|---|---|---|---|
| r0020 | CO:实际的频率设定值 v | — | 3 | — | — |
| r0021 | CO:实际频率 | — | 2 | — | — |
| r0022 | 转子实际速度 | 3 | 3 | — | — |
| r0024 | CO:实际输出频率 | — | 3 | — | — |
| r0025 | CO:实际输出电压 | — | 2 | — | — |
| r0027 | CO:实际输出电流 | — | 2 | — | — |
| r0034[1] | 电动机的 $I^2T$ 温度计算值 | — | 2 | — | — |
| r0036 | 变频器的 $I^2T$ 过载利用率 | — | 4 | — | — |
| r0056 | CO/BO:电动机的控制状态 | — | 2 | — | — |
| r0067 | CO:实际输出电流限值 | — | 3 | — | — |
| r0071 | CO:最大输出电压 | — | 3 | — | — |
| r0078 | CO:Isq电流实际值 | — | 4 | — | — |
| r0084 | CO:气隙磁通的实际值 | — | 4 | — | — |
| r0086 | CO:有功电流的实际值 | — | 3 | — | — |
| P1300[1] | 控制方式 | 1 | 2 | CT | Q |
| P1310[1] | 连续提升 | 50.0 | 2 | CUT | — |
| P1311[1] | 加速度提升 | 0.0 | 2 | CUT | — |
| P1312[1] | 启动提升 | 0.0 | 2 | CUT | — |
| r1315 | CO:总的提升电压 | — | 4 | — | — |
| r1316[1] | 提升结束的频率 | 20.0 | 3 | CUT | — |
| P1320[1] | 可编程 V/f 特性的频率坐标1 | 0.00 | 3 | CT | — |
| P1321[1] | 可编程 V/f 特性的电压坐标1 | 0.0 | 3 | CUT | — |

| 参数号 | 参数名称 | Default | Level | DS | QC |
|---|---|---|---|---|---|
| P1322[1] | 可编程 V/f 特性的频率坐标 2 | 0.00 | 3 | CT | — |
| P1323[1] | 可编程 V/f 特性的电压坐标 2 | 0.0 | 3 | CUT | — |
| P1324[1] | 可编程 V/f 特性的频率坐标 3 | 0.00 | 3 | CT | — |
| P1325[1] | 可编程 V/f 特性的电压坐标 3 | 0.0 | 3 | CUT | — |
| P1333 | FCC 的起运频率 | 10.0 | 3 | CUT | — |
| P1335 | 滑差补偿 | 0.0 | 2 | CUT | — |
| P1336 | 滑差限值 | 250 | 2 | CUT | — |
| r1337 | CO:V/f 特性的滑差频率 | — | 3 | — | — |
| P1338 | V/f 特性谐振阻尼的增益系数 | 0.00 | 3 | CUT | — |
| P1340 | 最大电流(Imax)控制器的比例增益系数 | 0.000 | 3 | CUT | — |
| P1341 | 最大电流(Imax)控制器的积分时间 | 0.300 | 3 | CUT | — |
| r1343 | CO:最大电流(Imax)控制器的输出频率 | — | 3 | — | — |
| r1344 | CO:最大电流(Imax)控制器的输出电压 | — | 3 | — | — |
| P1350[1] | 电压软启动 | 0 | 3 | CUT | — |

**4．MM‑420 变频器的基本运行模式**

（1）BOP 面板操作。

通过 BOP 面板上的按钮来进行启动、停止、复位等操作。如果变频器已经通过功能预置，选择了 BOP 面板操作的话，则变频器在接通电源后，可以通过操作面板上的按钮来控制变频器的运行，频率的大小通过调节面板上的按钮来获得。

（2）外接端子操作。

如果变频器通过功能预置，选择了外接端子控制方式的话，则其启动/停止要通过外接端子开关来控制。

**5．变频器控制的恒压供水系统**

（1）恒压供水的意义。

所谓恒压供水是指通过闭环控制，使供水的压力自动地保持恒定，其主要意义是：提高供水的质量；节约能源；启动平稳；可以消除启动和停机时的水锤效应。

（2）恒压供水的主电路。

通常在同一路供水系统中，设置两台常用泵，供水量大时开两台，供水量少时开一台。在采用变频调速进行恒压供水时，为节省设备投资，一般采用一台变频器控制两台电机，主电路如图 6‑62 所示，图中没有画出用于过载保护的热继电器。

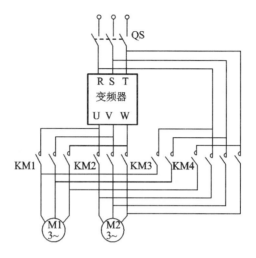

图 6-62　恒压供水系统主电路

控制过程为：用水少时，由变频器控制电动机 M1 进行恒压供水控制，当用水量逐渐增加时，M1 的工作频率亦增加，当 M1 的工作频率达到最高工作频率 50 Hz，而供水压力仍达不到要求时，将 M1 切换到工频电源供电。同时将变频器切换到电动机 M2 上，由 M2 进行补充供水。当水量逐渐减小，即使 M2 的工作频率已降为 0 Hz，而供水压力仍偏大时，则关掉由工频电源供电的 M1，同时迅速升高 M2 的工作频率，进行恒压控制。

如果用水量恰巧在一台泵全速运行的上下波动时，将会出现供水系统频繁切换的状态，这对于变频器控制元器件及电机都是不利的。为了避免这种现象的发生，可设置压力控制的"切换死区"。

如所需压力为 0.3 MPa，则可设定切换死区范围为 0.3～0.35 MPa。控制方式是当 M1 的工作频率上升到 50Hz 时，如压力低于 0.3 MPa，则进行切换，使 M1 全速运行，M2 进行补充。当用水量减少，M2 已完全停止，但压力仍超过 0.3 MPa 时，暂不切换，直至压力超过 0.35 MPa 时再行切换。

另外，两台电动机可以用两台变频器分别控制，也可以用一台容量较大的变频器同时控制。前者机动性好，但设备费用较贵，后者控制较为简单。

多台电动机使用一台变频器的切换方式与上类似。

（3）采用 PID 调节的控制方案。

图 6-63 是采用了 PID 调节的恒压供水系统控制线路示意图。供水压力由压力变送器转换成电流量或电压量，反馈到 PID 调节器，PID 调节器将压力反馈信号与压力给定信号相比较，并经比例（P）、积分（I）、微分（D）诸环节调节后得到频率给定信号，控制变频器的工作频率，从而控制了水泵的转速和泵水量。

PID 调节器的功能简述如下：

① 比较与判断功能。设压力给定信号为 $x_{p1}$，压力变送器的反馈信号为 $x_f$，PID 调节器首先对上述信号进行比较，得到偏差信号 $\triangle x$：

$$\triangle x = x_{p1} - x_f$$

接着根据 $\triangle x$ 判断如下：

$\triangle x$ 为"＋"，说明供水压力低于给定值，水泵应升速。$\triangle x$ 越大，说明供水压力低得越多，应加快水泵的升速。

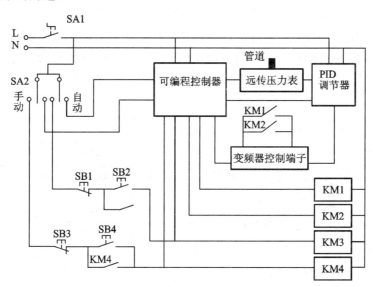

图 6 - 63　恒压供水系统控制线路示意图

Δx 为"－"，说明供水压力高于给定值，水泵应减速。｜Δx｜越大，说明供水压力高出越多，应加快水泵的减速。

图 6 - 64(a)所示是用水量从 Q1 增大至 Q2 的情况，图 6 - 64(b)所示，是 PID 调节器中得到偏差信号的情形。用水量 Q 增大了，引起供水不足，供水压力下降，于是出现了偏差信号 Δx。图中，供水压力用与之对应的压力信号 $x_p$ 来表示。$x_p$ 的大小与供水压力成比例，但具体数值因压力变换器型号的不同而各异。

仅仅依靠 Δx 的变化来进行上述控制，虽然也基本可行，但在 Δx 值很小时，反应不够灵敏，不可能使 Δx 减小为 0，而存在静差 ε。

② P(比例)功能。简略地说，P 功能就是将 Δx 值按比例放大。这样，Δx 值即使很小，也被放大得足够大，使水泵的转速得到迅速的调整，从而减小了静差 ε。但是，另一方面，P 值设定得大，则灵敏度高，供水压力 $x_p$ 到达给定值 $x_{p1}$ 的速度快。但由于拖动系统有惯性的原因，很容易发生超调(供水压力超过了给定值)。于是又必须向相反方向回调，回调也容易发生超调，结果，使供水流量 Q 在新的用水流量值处振荡，如图 6 - 64(c)所示；而供水压力 $x_p$ 则在给定值 $x_{p1}$ 处振荡，如图 6 - 64(d)所示。

③ I(积分)功能。振荡现象之所以发生，主要是水泵的升速过程和降速过程都太快的缘故。I(积分)功能就是用来减缓升速和降速的功能，以缓解因 P 功能设定过大而引起的超调。I 功能和 P 功能相结合，即为 PI 功能。图 6 - 64(e)所示为经 PI 调节后的供水流量 Q 的变化情形，而图 6 - 64(f)所示则是经 PI 调节后供水压力 $x_p$ 的变化情形。

但是，I 值设定过大，会拖延供水流量重新满足用水流量(供水压力重新达到给定值)的时间。

④ D(微分)功能。为了克服因 I 值设定过大而带来的缺陷，又增加了 D(微分)功能。D 功能是将 x 的变化率(dx/dt)作为自己的输出信号。

当用水流量刚刚增大、供水压力 $x_p$ 刚下降的瞬间，dx/dt 最大；随着水泵转速的逐渐上升、供水压力 $x_p$ 的逐渐恢复，$dx/dt$ 将逐渐衰减。D 功能和 PI 功能相结合，便得到 PID 调节功能。

　　D 功能加入的结果是，水泵的转速将首先猛升一下，然后又逐渐回复到只有 PI 的状态，从而大大缩短了供水压力 $x_p$ 回复到给定值的时间。图 6 - 64(g)所示是经 PID 调节后的供水流量 Q 的变化情形，图 6 - 64(h)所示则是经 PID 调节后供水压力 $x_p$ 的变化情形。

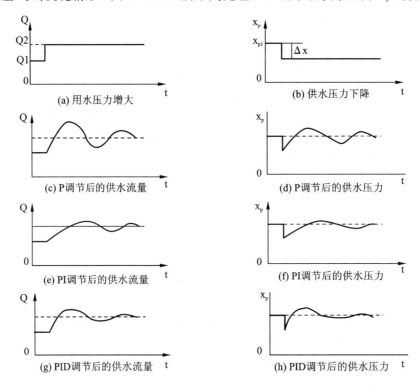

(a) 用水压力增大

(b) 供水压力下降

(c) P调节后的供水流量

(d) P调节后的供水压力

(e) PI调节后的供水流量

(f) PI调节后的供水压力

(g) PID调节后的供水流量

(h) PID调节后的供水压力

图 6 - 64　PID 功能示意图

　　水泵电机 M1 和 M2 的工作状态由可编程控制器(PLC)控制与切换。为了使变频器发生故障时不影响正常供水，系统增加了手动功能，只要将转换开关拨到"手动"，M1 与 M2 就转换到工频电源供电，且开停完全由手动控制。

### 五、操作指导

#### 1. 使用注意事项

　　(1) 电气设备运行时，设备的某些部件上不可避免地存在危险电压。

　　(2) 按照 EN60204IEC204(VDE0113)的要求，"紧急停车设备"必须在控制设备的所有工作方式下都保持可控性。无论紧急停车设备是如何停止运转的，都不能导致不可控的或者不可预料的再次启动。

　　(3) 无论故障出现在控制设备的什么地方都有可能导致重大的设备损坏，甚至是严重的人身伤害(即存在潜在的危险故障)，因此，还必须采取附加的外部预防措施或者另外装设用于确保安全运行的装置，即使在故障出现时也应如此(例如，独立的限流开关、机械连锁等)。

　　(4) MICROMASTER 变频器在高电压下运行。

（5）在输入电源中断并再次上电之后，一定的参数设置可能会造成变频器的自动再启动。

（6）为了保证电动机的过载保护功能正确动作，电动机的参数必须准确地配置。

（7）本设备在变频器内部提供电动机保护功能。根据 P0610（第三访问级）和 P0335，I2t 保护功能是在缺省情况下投入。电动机的过载保护功能也可以采用外部 PTC 经由数字输入来实现。

（8）本设备可用于回路对称且容量不大于 10000 安培（均方根值）的地方，具有延时型熔断器保护时，最大电压为 230 V/460 V。

（9）本设备不可作为紧急停车机构使用。

**2. 频率设定值**（P1000）

（1）标准的设定值：端子 3/4（AIN＋/ AIN －，0～10 V 相当于 0～50/60 Hz）。

（2）可选的其他设定值：参看 P1000。

**3. 命令源**（P0700）

斜坡时间和斜坡平滑曲线功能也关系到电动机如何启动和停车。关于这些功能的详细说明，请参看参数表中的参数 P1120，P1121，P1130～P1134。

（1）电动机启动。

① 标准的设定值：端子 5（DIN 1，高电平）。

② 其他可选的设定值：参看 P0700 至 P0704。

（2）电动机停车。

① 标准的设定值：

OFF1 端子 5（DIN 1，低电平）。

OFF2 用 BOP/AOP 上的 OFF（停车）按钮控制时，按下 OFF 按钮（持续 2 秒钟）或按两次 OFF（停车）按钮即可。（使用缺省设定值时，没有 BOP/AOP，因而不能使用这一方式）。

OFF3 在缺省设置时不激活。

② 其他可选的设定值：参看 P0700 至 P0704。

（3）电动机反向。

标准的设定值：端子 6（DIN 2，高电平）。

其他可选的设定值：参看 P0700 至 P0704。

**4. 停车和制动功能**

（1）OFF1。这一命令（消除"ON"命令而产生的）使变频器按照选定的斜坡下降速率减速并停止转动。

条件：

① ON 命令和后继的 OFF1 命令必须来自同一信号源。

② 如果"ON/OFF1"的数字输入命令不止由一个端子输入，那么，只有最后一个设定的数字输入，例如 DIN3 才是有效的。

③ OFF1 可以同时具有直流注入制动或复合制动。

（2）OFF2。这一命令使电动机在惯性作用下滑行，最后停车（脉冲被封锁）。

条件：

① OFF2 命令可以有一个或几个信号源。

② OFF2 命令以缺省方式设置到 BOP/AOP。

③ 即使参数 P0700 至 P0704 之一定义了其他信号源，这一信号源依然存在。

（3）OFF3。OFF3 命令使电动机快速地减速停车。在设置了 OFF3 的情况下，为了启动电动机，二进制输入端必须闭合（高电平）。如果 OFF3 为高电平，电动机才能启动并用 OFF1 或 OFF2 方式停车。如果 OFF3 为低电平，电动机是不能启动的。斜坡下降时间：参看 P135。OFF3 可以同时具有直流制动或复合制动。

（4）直流注入制动。直流注入制动可以与 OFF1 和 OFF3 同时使用。向电动机注入直流电流时，电动机将快速停止，并在制动作用结束之前一直保持电动机轴静止不动，步骤如下：

① 设定直流注入制动功能：参看 P0701 至 P0704。

② 设定直流制动的持续时间：参看 P1233。

③ 设定直流制动电流：参看 P1232。

如果没有数字输入端设定为直流注入制动，而且 P1233 ≠ 0，那么，直流制动将在每个 OFF 命令之后起作用。

（5）复合制动。复合制动可以与 OFF1 和 FF3 命令同时使用。为了进行复合制动，应在交流电流中加入一个直流分量。设定制动电流：参看 P1236。

**5. 控制方式（P1300）**

MICROMASTER420 变频器的所有控制方式都是基于 V/f 控制特性。下面各种不同的控制关系适用于各种不同的应用对象：

（1）线性 V/f 控制，P1300 ＝ 0。可用于可变转矩和恒定转矩的负载，例如，带式运输机和正排量泵类。

（2）带磁通电流控制（FCC）的线性 V/f 控制，P1300 ＝ 1。这一控制方式可用于提高电动机的效率和改善其动态响应特性。

（3）抛物线（平方）V/f 控制，P1300 ＝ 2。这一方式可用于可变转矩负载，例如，风机和水泵。

（4）多点 V/f 控制，P1300 ＝ 3。有关这种运行方式更详细的资料，请参看 MM420 的"参考手册"。

**6. 故障和报警**

（1）安装 SDP。如果变频器安装的是 SDP，变频器的故障状态和报警信号由屏上的两个 LED 显示出来。如果变频器工作正常无故障，可以看到以下的 LED 显示：

① 绿色和黄色＝运行准备就绪；

② 绿色＝变频器正在运行。

（2）安装 BOP。如果安装的是 BOP，在出现故障时可以显示最近发生的 8 种故障状态（P0947）和报警信号（P2110）。

（3）安装 AOP。如果安装的是 AOP，在出现故障时将在液晶显示屏 LCD 上显示故障码和报警码。

**六、质量评价标准**

项目质量考核要求及评分标准见表 6-49。

表 6-49 项目质量考核要求及评分标准

| 考核项目 | 考核要求 | 配分 | 评分标准 | 扣分 | 得分 | 备注 |
|---|---|---|---|---|---|---|
| 系统安装 | (1) 能够正确选择元器件；<br>(2) 能够按照接线图布置元器件；<br>(3) 能够正确固定元器件；<br>(4) 能够按照要求编制线号 | 30 | (1) 不按接线图固定元器件扣5分；<br>(2) 元器件安装不牢固，每处扣2分；<br>(3) 元器件安装不能整齐、不均匀、不合理，每处扣3分；<br>(4) 不按要求配线号，每处扣1分；<br>(5) 损坏元器件此项不得分 | | | |
| 编程操作 | (1) 能够建立程序新文件；<br>(2) 能够正确设置各种参数；<br>(3) 能够正确保存文件 | 40 | (1) 不能建立程序新文件或建立错误扣4分；<br>(2) 不能设置各项参数，每处扣2分；<br>(3) 保存文件错误扣5分 | | | |
| 运行操作 | (1) 操作运行系统，分析运行结果；<br>(2) 能够在运行中监控和切换各种参数；<br>(3) 能够正确分析运行中出现的各种代码 | 30 | (1) 系统通电操作错误一步扣3分；<br>(2) 分析运行结果错误一处扣2分；<br>(3) 不会监控扣10分；<br>(4) 不会分析各种代码的含义，每处扣2分 | | | |
| 安全生产 | 自觉遵守安全文明生产规程 | | (1) 每违反一项规定，扣3分；<br>(2) 发生安全事故，0分处理；<br>(3) 漏接接地线一处扣5分 | | | |
| 时间 | 3小时 | | 提前正确完成，每5分钟加2分；<br>超过定额时间，每5分钟扣2分 | | | |
| 开始时间： | | 结束时间： | | 实际时间： | | |

## 七、拓展与提高

### 1. 某居民小区变频恒压供水系统的应用

一般规定城市管网的水压只保证六层以下楼房的用水，其余上部各层均须提升水压才能满足用水要求，以前大多采用传统的水塔，高位水箱，或气压罐式增压设备，但它们都必须由水泵以高出实际用水高度的压力来"提升"水量，恒压供水系统实现水泵电机无级调速。依据用水量的变化自动调节系统的运行参数，在用水量的变化时保持水压恒定，以满足用水要求，是当今最先时合理的节能型供水系统，实际应用中得到了很大的发展，随着电力、电子技术的飞速发展，变频器的功能也越来越强，充分利用变频器，PCL控制的各种功能，对应用恒压变频供水系统有着重要意义。

1) 恒压供水系统的组成

该系统装置采用三菱可编程序控制器和 MM-420 变频器为主要控制器件，PLC通过A/D，转换模块采集压力传感器的输出信号。从监测供水压力及液面的高度，再由PLC控制变频器和接触器调节水泵的工作状态，使供水压力保持在一个恒定的压力范围，水泵系统由一台1.5 kW的恒压泵和四台以变频器控制的5.5 kW的水泵组成，根据不同用水量四台水泵循环变频运行，及工频运行等来恒定水压。系统通过设定参数，由触摸屏控制操作，根据变频显示，压力显示，欠压超时，水位报警指示，及上限保持压力，下限运行启动压力等来控制系统的运行，以欧姆龙可编程序控制器和变频器为核心控制输出，在水泵的出水泵管道上安装一个远传压力传感器，用于检测管道压力，并把出口压力变成 0～5C 或 4～20 mA 的模拟信号，送到 PLC 的 A/D 转换输入端，再经转换成数字信号控制 PLC 的输出，给定偏差值到变频器，以控制输出频率的大小，从而改变水泵的电机转速，达到控制管道压力恒定的目的。当实际管道压力小于给定压力时，变频器输出频率上升电机转速加快，管道压力开始升高；反之，变频器频率降低，电机转速减少，管道压力降低。如果上下调整多次，直到偏差值为零。这样实际压力围绕设定压力上下波动保持压力恒定。

　　系统的主线路组成恒压供水系统主电路组成如图 6-65 所示。恒压供水系统的组成如图 6-66 所示。

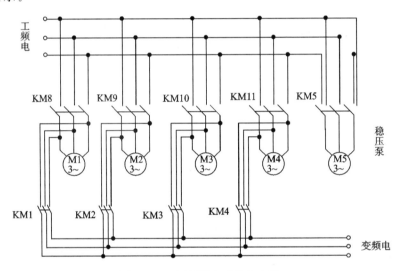

图 6-65　恒压供水系统主电路

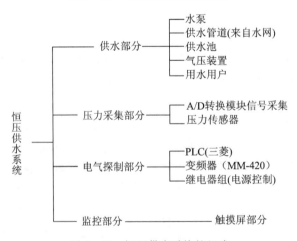

图 6-66　恒压供水系统的组成

　　(1)水泵电机：型号为 Y 160M-4；额定功率 11 kW；额定电压 380 V；额定电流 22.6 A；接法为△接法。

（2）PLC可编程序控制器：型号为$FX_{2N}$；IN：X00～X07，X08～X15；OUT：Y00～Y07，Y08～Y15。

（3）气压给水设备：型号为KLS－122/0.54 － Q3；最高工作压力为0.64 MPa；额定给水流量32 L/s；最低工作压力0.54 MPa；额定功率11 KW；水泵扬程：64 m；有效面积50 L。

（4）压力容器装置：隔膜气压罐；设计压力1 MPa；最高工作压力0.95 MPa；型号为GB－150－98；测验压力125 MPa。

（5）变频器：MM －420；功率2.2～11 KW。

（6）磁助式电接点压力传感器：型号为YX－100 AC 380 DC 220；触头功率30 VA。

（7）供水压力传感器回路线路连接图。压力传感器和液面传感器都是通过各自的数显表供电，而且都为电流传感器，压力的不同和液位的不同会影响回路中的电流大小，压力传感器回路原理图如图6-67所示。

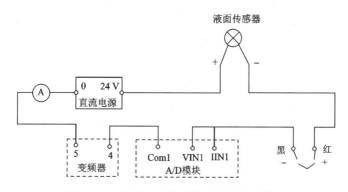

图6-67　供水压力传感器回路线路连接图

2）恒压供水系统的工作原理

恒压供水系统是通过PLC，变频器和继电器，将水泵的供水功率划分出不同的档位，通过压力传感器的偏差信号，根据用户的需求量，给定一个偏差信号值来控制PLC的输出至变频器来运行系统，达到恒压供水的目的，如图6-68所示。

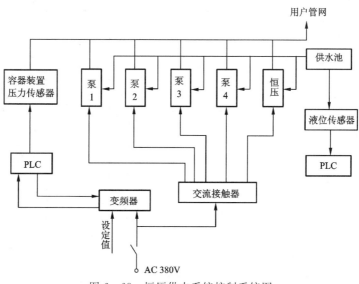

图6-68　恒压供水系统控制系统图

供水的压力通过采集传感器系统，再通过变频的 A/D 转换模块将设定值及采集偏差信号值同时经过 PID 控制进行比较，PID 根据变频器的参数设置，进行数据处理，将处理结果以运行频率的形式进行输出。

PID 控制模块具有比较和差分的功能，供水的压力低于设定压力，变频器就会将运行频率升高，反测将降低，并且根据压力变化的快慢进行差分调节，以负作用为例：如果压力在上升接近设定值的过程中，上升速度过快，PID 运算也会自动减少执行量，从而稳定压力。

供水压力经 PID 调节后的输出量，通过交流接触器组进行，切换后输出给水泵的电动机，在水网中用水量增大时，会出一台"变频泵"效率不够时情况，这时就需要其他的水泵以工频的形式参与供水运行。交流接触器组就负责水泵的切换工作情况。由 PLC 控制各个接触器，将工频电或是变频器，按需要选择水泵的运行情况，从而使整个管网水压保持恒定。

整个系统在运行中，当出现缺相，变频器故障，液位下限超压等情况时，皆能发出声响报警信号，特别是当出现缺相，变频器故障，超压时，系统会自动停机。并发出报警信号，而且及时去维修处理，恢复正常。此外，变频器故障时，系统可切换至手动方式保证系统供水。为维护和抢修水泵，在系统正常供水状态下，在一段时间间隔内使某一台水泵运行，系统设有水泵强制设备用功能，可随便备用某一台水泵，同时不影响其他水泵运行，为了使水泵进行轮休，系统设有软件备用功能。（钟控时序控制）工作泵与备用泵具有周期定时切换，轮换 4 台泵组运行（循环）。

3）PLC 控制器和变频器的运行状态与设置

（1）I/O 分配。恒压供水程序 I/O 分配图如图 6-69 所示。

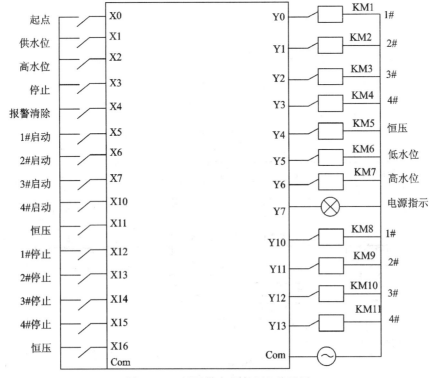

图 6-69　恒压供水程序 I/O 分配图

当主管压力低于正常设置压力时，接通水泵 Y0(1♯)，当压力仍低时，依次接通 Y1、Y2、Y3；当主管压力高于正常设置压力时，断开水泵 Y0(1♯)，当压力仍高时，依次断开 Y1、Y2、Y3；为延长水泵电机使用寿命，所有水泵依次循环启动运行；各水泵能独立启动、停止。

系统启动时，KM0(Y0)闭合，1♯水泵以变频方式运行，当变频器的运行频率超出设定值时，输出一个上限信号，PLC 通过这个上限信号后将 1♯水泵由变频运行转换为工频运行，KM0 断开，KM8 闭合，同时，KM1 闭合，2♯水泵变频运行，如果再次接收到变频器上限输出信号，则 KM1 断开，KM9 闭合，2♯水泵由变频转工频运行，则 3♯变频启动，KM2 闭合，4 台水泵依次循环控制启动运行。

如果变频器频率偏低，压力过高，输出下限信号使 PLC 关闭输出，依次停止水泵运行，如果只剩 1♯水泵变频运行，压力仍过高，则所有水泵都会停止，由恒压泵来恒压管道压力，这段 PLC 程序还有一个软保护程序防止操作不当，损坏变频器。

(2) 流程图。PLC 程序流程如图 6-70 所示。

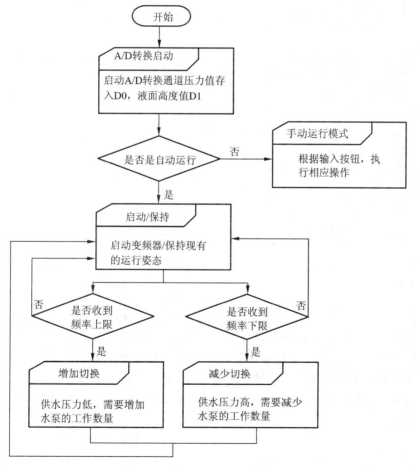

图 6-70 PLC 程序流程图

(3) 变频器的设定。在 PID 控制下，使用一个 4 mA 对应 0 MPa，20 mA 对应 0.5 MPa 的传感器调节水泵的供水压力，设定值通过变频器的 2 和 5 端子(0～5 V)给定的。变频器 PID 设置流程图如图 6-71 所示。

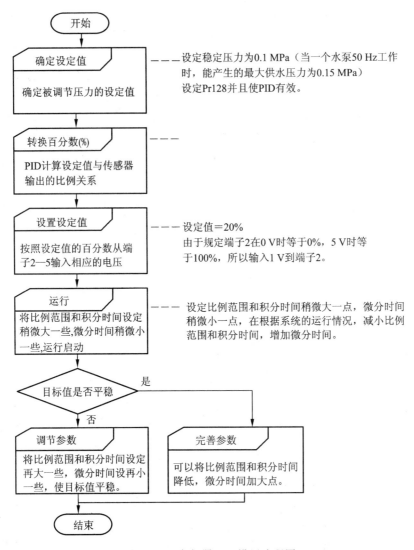

图 6-71　变频器 PID 设置流程图

以上供水系统中采用 PLC 可编程序控制器和变频器调速运行方式，可根据实际设定水压自动调节水泵电机的转速或加速加减泵，使供水系统管网中的压力保持在给定的值。以求最大限度的节能、节水，并且系统能处于可靠运行状态，实现恒压供水，系统用水量任何变化均能使供水管网中的压力保持恒定。大大提高了供水质量，同时解决了天面水池二次污染问题。变频器故障后仍能保障不间断供水，同时实现故障消除后自动启动，具有一定的先进性。

# 附录 A　FX$_{2N}$系列 PLC 的主要技术指标

　　FX$_{2N}$系列 PLC 的主要技术指标包括一般技术指标、电源技术指标、输入技术指标、输出技术指标和性能技术指标，分别如表 A-1～表 A-5 所示。

**表 A-1　FX$_{2N}$一般技术指标**

| 环境温度 | 使用时：0～55℃，储存时：−20～＋70℃ | |
|---|---|---|
| 环境湿度 | 35%～89%RH(不结露)使用时 | |
| 抗振 | JIS C0911 标准 10～55 Hz 0.5 mm(最大 2 G)3 轴方向各 2 h(但用 DIN 导轨安装时 0.5G) | |
| 抗冲击 | JIS C0912 标准 10G 3 轴方向各 3 次 | |
| 抗噪声干扰 | 用噪声仿真器产生电压为 1000VP-P，噪声脉冲宽度为 1 μs，周期为 30～100 Hz 的噪声，在此噪声干扰下 PLC 工作正常 | |
| 耐压 | AC1500 V 1 min | 所有端子与接地端之间 |
| 绝缘电阻 | 5 MΩ 以上(DC500 V 兆欧表) | |
| 接地 | 第三种接地，不能接地时，亦可浮空 | |
| 使用环境 | 无腐蚀性气体，无尘埃 | |

**表 A-2　FX$_{2N}$电源技术指标**

| 项　　目 | | FX$_{2N}$-16M | FX$_{2N}$-32M FX$_{2N}$-32E | FX$_{2N}$-48M FX$_{2N}$-48E | FX$_{2N}$-64M | FX$_{2N}$-80M | FX$_{2N}$-128M |
|---|---|---|---|---|---|---|---|
| 电源电压 | | AC 100～240 V $\frac{50}{60}$ Hz | | | | | |
| 允许瞬间断电时间 | | 对于 10 ms 以下的瞬间断电，控制动作不受影响 | | | | | |
| 电源熔丝 | | 250 V 3.15 A，φ5×20 mm | | 250V 5A，φ5×20mm | | | |
| 电力消耗/(VA) | | 35 | 40(32E 35) | 50(48E 45) | 60 | 70 | 100 |
| 传感器电源 | 无扩展部件 | DC 24V 250 mA 以下 | | DC 24V 460 mA 以下 | | | |
| | 有扩展部件 | DC 5V 基本单元 290 mA 扩展单元 690 mA | | | | | |

**表 A - 3　FX<sub>2N</sub>输入技术指标**

| 输入电压 | 输入电流 | | 输入 ON 电流 | | 输入 OFF 电流 | | 输入阻抗 | | 输入隔离 | 输入响应时间 |
|---|---|---|---|---|---|---|---|---|---|---|
| | X000~7 | X010以内 | X000~7 | X010以内 | X000~7 | X010以内 | X000~7 | X010以内 | | |
| DC24V | 7 mA | 5 mA | 4.5 mA | 3.5 mA | ≤1.5 mA | ≤1.5 mA | 3.3 kΩ | 4.3 kΩ | 光电绝缘 | 0~60 ms可变 |

注：输入端 X0~X17 内有数字滤波器，其响应时间可由程序调整为 0~60 ms。

**表 A - 4　FX<sub>2N</sub>输出技术指标**

| 项目 | | 继电器输出 | 晶闸管输出 | 晶体管输出 |
|---|---|---|---|---|
| 外部电源 | | AC 250V, DC 30V以下 | AC 85~240 V | DC 5~30 V |
| 最大负载 | 电阻负载 | 2A/1 点；8A/4 点共享；8A/8 点共享 | 0.3A/1 点 0.8A/4 点 | 0.5A/1 点 0.8A/4 点 |
| | 感性负载 | 80VA | 15VA/AC 100V 305VA/AC 200V | 12W/DC24V |
| | 灯负载 | 100W | 30 W | 1.5 W/DC24 V |
| 开路漏电流 | | — | 1mA/AC 100V 2mA/AC 200V | 0.1mA 以下/DC 30V |
| 响应 | OFF 到 ON | 约 10 ms | 1 ms 以下 | 0.2 ms 以下 |
| | ON 到 OFF | 约 10 ms | 最大 10 ms | 0.2 ms 以下[①] |
| 电路隔离 | | 机械隔离 | 光电晶闸管隔离 | 光电耦合器隔离 |
| 动作显示 | | 继电器通电时 LED 灯亮 | 光电晶闸管驱动时 LED 灯亮 | 光电耦合器隔离驱动时 LED 灯亮 |

注：① 响应时间 0.2 ms 是在条件为 24 V/200 mA 时，实际所需时间为电路切断负载电流到电流为 0 的时间，可用并接续流二极管的方法改善响应时间。大电流时为 0.4 mA 以下。

表 A - 5　FX₂ₙ功能技术指标

| 运算控制方式 | | 存储程序反复运算方法(专用 LSI)，中断命令 | |
|---|---|---|---|
| 输入输出控制方式 | | 批处理方式(在执行 END 指令时)，但有输入输出刷新指令 | |
| 运算处理速度 | 基本指令 | 0.08 μs/指令 | |
| | 应用指令 | (1.52 μs～数百 μs)/指令 | |
| 程序语言 | | 继电器符号＋步进梯形图方式(可用 SFC 表示) | |
| 程序容量存储器形式 | | 内附 8K 步 RAM，最大为 16 K 步(可选 RAM，EPROM EEPROM 存储卡盒) | |
| 指令数 | 基本、步进指令 | 基本(顺控)指令 27 个，步进指令 2 个 | |
| | 应用指令 | 128 种 298 个 | |
| 输入继电器 | | X000～X267(8 进制编号) 184 点 | 合计 256 点 |
| 输出继电器 | | X000～X267(8 进制编号) 184 点 | |
| 辅助继电器 | 一般用① | M000～M499① 500 点 | |
| | 锁存用 | M500 ～ M1023② 524 点，M1024 ～ M3071③ 2048 点 | 合计 2572 点 |
| | 特殊用 | M8000～M8255 256 点 | |
| 状态寄存器 | 初始化用 | S0～S9 10 点 | |
| | 一般用 | S10～S499① 490 点 | |
| | 锁存用 | S500～S899② 400 点 | |
| | 报警用 | S900～S999③ 100 点 | |
| 定时器 | 100 ms | T0～T199(0.1～3276.7 s) 200 点 | |
| | 10 ms | T200～T245(0.01～327.67 s) 46 点 | |
| | 1 ms(积算型) | T246～T249(0.001～32.767 s) 4 点 | |
| | 100 ms(积算型) | T250～T255③(0.1～3276.7 s) 6 点 | |
| | 模拟定时器(内附) | 1 点③ | |

续表

| | | | |
|---|---|---|---|
| 计数器 | 增计数 | 一般用 | C0～C99<sup>①</sup>（0～32，767）（16 位）100 点 |
| | | 锁存用 | C100～C199<sup>②</sup>（0～32，767）（16 位）100 点 |
| | 增/减技术 | 一般用 | C220～C234<sup>①</sup>（32 位）20 点 |
| | | 锁存用 | C220～C234<sup>②</sup>（32 位）15 点 |
| | 高速用 | | C235～C255 中有：1 相 60 kHz 2 点，10 kHz 4 点或 2 相 30 kHz 1 点，5 kHz 1 点 |
| 数据寄存器 | 通用数据寄存器 | 一般用 | D0～D199<sup>①</sup>（16 位）200 点 |
| | | 锁存用 | D200～D511<sup>②</sup>（16 位）312 点，D512～D7999<sup>③</sup>（16 位）7488 点 |
| | 特殊用 | | D8000～D8195（16 位）106 点 |
| | 变址用 | | V0～V7，Z0～Z7（16 位）16 点 |
| | 文件寄存器 | | 通用寄存器的 D1000<sup>③</sup>以后在 500 个单位设定文件寄存（MAX7000 点） |
| 指针 | 跳转、调用 | | P0～P127 128 点 |
| | 输入中断、计时中断 | | I0□～I8□ 9 点 |
| | 计数中断 | | I010～I060 6 点 |
| | 嵌套（主控） | | N0～N7 8 点 |
| 常数 | 十进制 K | | 16 位：−32 768～+32 767；<br>32 位：−2 147 483 648～+2 147 483 647 |
| | 十六进制 H | | 16 位：0～FFFF（H）；32 位：0～FFFFFFFF（H） |
| SFC 程序 | | | ○ |
| 注释输入 | | | ○ |
| 内附 RUN/STOP 开关 | | | ○ |

续表

| 模拟定时器 | FX₂ₙ-8AV-BD(选择)安装时 8 点 |
| --- | --- |
| 程序 RUN 中写入 | ○ |
| 时钟功能 | ○ |
| 输入滤波器调整 | X000～X017 0～60 ms 可变；FX₂ₙ-16M X000～X007 |
| 恒定扫描 | ○ |
| 采样跟踪 | ○ |
| 关键字登录 | ○ |
| 报警信号器 | ○ |
| 脉冲列输出 | 20 kHz/DC5V 或 10 kHz/DC12～24V 1 点 |

注：① 非后备锂电池保持区。通过参数设置，可改为后备锂电池保持区。

　　② 由后备锂电池保持区保持，通过参数设置，可改为非后备锂电池保持区。

　　③ 由后备锂电池固定保持区固定，该区域特性不可变。

# 附录 B FX₂ₙ系列 PLC 特殊元件编号及名称检索

### 1. PLC 的状态

| 编号 | 名称 | 备注 | 编号 | 名称 | 备注 |
|---|---|---|---|---|---|
| [M] 8000 | RUN 监控 a 接点 | RUN 时为 ON | [D] 8000 | 监视定时器 | 初始值 200 ms |
| [M] 8001 | RUN 监控 b 接点 | RUN 时为 OFF | [D] 8001 | PLC 型号和版本 | ⑤ |
| [M] 8002 | 初始脉冲 a 接点 | RUN 后 1 扫描周期为 ON | [D] 8002 | 存储器容量 | ⑥ |
| [M] 8003 | 初始脉冲 b 接点 | RUN 后 1 扫描周期为 OFF | [D] 8003 | 存储器种类 | ⑦ |
| [M] 8004 | 出错 | M8060—M8067 任一 ON 时接通⑧ | [D] 8004 | 出错特 M 地址 | M8060~M8067 |
| [M] 8005 | 电池电压降低 | 锂电池电压下降 | [D] 8005 | 电池电压 | 0.1V 单位 |
| [M] 8006 | 电池电压降低锁存 | 保持降低信号 | [D] 8006 | 电池电压降低检测 | 3.0V(0.1V 单位) |
| [M] 8007 | 瞬停检测 | | [D] 8007 | 瞬停次数 | 电源关闭清除 |
| [M] 8008 | 停电检测 | | [D] 8008 | 停电检测时间 | AC 电源型 10 ms |
| [M] 8009 | DC24V 降低 | 检测 24V 电源异常 | [D] 8009 | DC24V 失电单元 | 失电的起始输出 |

### 2. 时钟

| 编号 | 名称 | 备注 | 编号 | 名称 | 备注 |
|---|---|---|---|---|---|
| [M] 8010 | | | [D] 8010 | 扫描当前值 | 0.1 ms 单位包括常数 扫描等待时间 |
| [M] 8011 | 10 ms 时钟 | 10 ms 周期振荡 | [D] 8011 | 最小扫描时间 | |
| [M] 8012 | 100 ms 时钟 | 100 ms 周期振荡 | [D] 8012 | 最大扫描时间 | |
| [M] 8013 | 1s 时钟 | 1s 周期振荡 | D8013 | 秒 0~59 预置值或当前值 | |
| [M] 8014 | | 1 min 时钟 | D8014 | 分 0~59 预置值或当前值 | |
| M8015 | 计时停止或预置 | | D8015 | 时 0~23 预置值或当前值 | |
| M8016 | 时间显示停止 | | D8016 | 日 1~31 预置值或当前值 | |
| M8017 | ±30 s 修正 | | D8017 | 月 1~12 预置值或当前值 | |
| [M] 8018 | 内装 RTC 检测 | 常时 ON | D8018 | 公历 2 位预置值或当前值 | |
| [M] 8019 | 内装 RTC 出错 | | D8019 | 星期 0(日)~6(六)预置值或当前值 | |

### 3. 标志

| 编号 | 名称 | 备注 | 编号 | 名称 | 备注 |
|------|------|------|------|------|------|
| [M] 8020 | 零标记 | | [D] 8020 | 调整输入滤波器 | 初始值 10ms |
| [M] 8021 | 借位标记 | 应用指令运算标记 | [D] 8021 | | |
| M8022 | 进位标记 | | [D] 8022 | | |
| [M] 8023 | | | [D] 8023 | | |
| M8024 | BMOV 方向指定 | | [D] 8024 | | |
| M8025 | HSC 方式 (FNC53－55) | | [D] 8025 | | |
| M8026 | RAMP 方式(FNC67) | | [D] 8026 | | |
| M8027 | PR 方式(FNC77) | | [D] 8027 | | |
| M8028 | 执行 FROM/TO 指令时允许中断 | | [D] 8028 | Z0(Z)寄存器内容 | 寻址寄存器 Z 的内容 |
| [M] 8029 | 执行指令结束标记 | 应用命令用 | [D] 8029 | V0(Z)寄存器内容 | 寻址寄存器 V 的内容 |

### 4. PLC 方式

| 编号 | 名称 | 备注 | 编号 | 名称 | 备注 |
|------|------|------|------|------|------|
| M8030 | 电池 LED 关闭 | 关闭面板灯④ | [D] 8030 | | |
| M8031 | 非保存存储清除 | 消除元件的 ON/OFF | [D] 8031 | | |
| M8032 | 保存存储清除 | 和当前值④ | [D] 8032 | | |
| M8033 | 存储保存停止 | 图像存储保持 | [D] 8033 | | |
| M8034 | 全输出禁止 | 外部输出均为 OFF④ | [D] 8034 | | |
| M8035 | 强制 RUN 方式 | | [D] 8035 | | |
| M8036 | 强制 RUN 指令 | 8－1 项① | [D] 8036 | | |
| M8037 | 强制 STOP 指令 | | [D] 8037 | | |
| [M] 8038 | | | [D] 8038 | | |
| M8039 | 恒定扫描方式 | 定周期运作 | [D] 8039 | 常数扫描时间 | 初始值 0(1 ms 单位) |

### 5. 步进梯形图

| 编号 | 名称 | 备注 | 编号 | 名称 | 备注 |
|---|---|---|---|---|---|
| M8040 | 禁止转移 | 状态间禁止转移 | [D] 8040 | RUN 监控 a 接点 | RUN 时为 ON |
| M8041 | 开始转移① | | [D] 8041 | RUN 监控 b 接点 | RUN 时为 OFF |
| M8042 | 启动脉冲 | | [D] 8042 | 初始脉冲 a 接点 | RUN 后 1 操作为 ON |
| M8043 | 回原点完毕① | | [D] 8043 | 初始脉冲 b 接点 | RUN 后 1 操作为 OFF |
| M8044 | 原点条件① | | [D] 8044 | 出错 | M8060－M8067 检测⑧ |
| M8045 | 禁止全输出复位 | | [D] 8045 | 电池电压降低 | 锂电池电压下降 |
| [M] 8046 | STL 状态工作④ | S0～999 工作检测 | [D] 8046 | 电池电压降低锁存 | 保持降低信号 |
| M8047 | STL 监视有效④ | D8040～8047 有效 | [D] 8047 | 瞬停检测 | |
| [M] 8048 | 报警工作① | S900～999 工作检测 | [D] 8048 | 停电检测 | |
| M8049 | 报警有效④ | D8049 有效 | [D] 8049 | DC24V 降低 | 检测 24V 电源异常 |

### 6. 中断静止

| 编号 | 名称 | 备注 | 编号 | 名称 | 备注 |
|---|---|---|---|---|---|
| M8050 | I00□禁止 | | [D] 8050 | | |
| M8051 | I10□禁止 | | [D] 8051 | | |
| M8052 | I20□禁止 | 输入中断禁止 | [D] 8052 | | |
| M8053 | I30□禁止 | | [D] 8053 | | |
| M8054 | I40□禁止 | | [D] 8054 | | |
| M8055 | I50□禁止 | | [D] 8055 | | |
| M8056 | I60□禁止 | | [D] 8056 | | |
| M8057 | I70□禁止 | 输入中断禁止 | [D] 8057 | | |
| M8058 | I80□禁止 | | [D] 8058 | | |
| M8059 | I010～I060□全禁止 | 计数中断禁止 | [D] 8059 | | |

### 7. 出错检测

| 编号 | 名称 | 备 注 | 编号 | 名称 | 备注 |
|---|---|---|---|---|---|
| [M] 8060 | I/O 配置出错 | 可编程序控制器 RUN 继续 | [D] 8060 | 出错的 I/O 起始号 | |
| [M] 8061 | PC 硬件出错 | 可编程序控制器停止 | [D] 8061 | PC 硬件出错代码 | |
| [M] 8062 | PC/PP 通信出错 | 可编程序控制器 RUN 继续 | [D] 8062 | PC/PP 通信出错代码 | |
| [M] 8063 | 并行连接 | 可编程序控制器 RUN 继续② | [D] 8063 | 连接通信出错代码 | |

续表

| 编号 | 名称 | 备　注 | 编号 | 名称 | 备注 |
|---|---|---|---|---|---|
| [M] 8064 | 参数出错 | 可编程序控制器停止 | [D] 8064 | 参数出错代码 | |
| [M] 8065 | 语法出错 | 可编程序控制器停止 | [D] 8065 | 语法出错代码 | |
| [M] 8066 | 电路出错 | 可编程序控制器停止 | [D] 8066 | 电路出错代码 | |
| [M] 8067 | 运算出错 | 可编程序控制器 RUN 继续 | [D] 8067 | 运算出错代码② | |
| M8068 | 运算出错锁存 | M8067 保持 | D8068 | 运算出错产生的步 | |
| M8069 | I/O 总线检查 | 总线检查开始 | [D] 8069 | M8065－7 出错产生步号 | |

### 8. 并行连接功能

| 编号 | 名称 | 备　注 | 编号 | 名称 | 备注 |
|---|---|---|---|---|---|
| M8070 | 并行连接主站驱动 | 主站时为 ON② | [D] 8070 | 并行连接出错判定时间 | 初始值 500ms |
| M8071 | 并行连接从站驱动 | 从站时为 ON② | [D] 8071 | | |
| [M] 8072 | 并行连接运转中为 ON | 运行中为 ON | [D] 8072 | | |
| [M] 8073 | 主站/从站设置不良 | M8070、8071 设定不良 | [D] 8073 | | |

### 9. 采样跟踪

| 编号 | 名称 | 备注 | 编号 | 名称 | 备注 |
|---|---|---|---|---|---|
| [M] 8074 | | | [D] 8074 | 采样剩余次数 | |
| M8075 | 准备开始指令 | | D8075 | 采样次数设定(1～512) | |
| M8076 | 执行开始指令 | | D8076 | 采样周期 | |
| [M] 8077 | 执行中监测 | | D8077 | 指定触发器 | |
| [M] 8078 | 执行结束监测 | | D8078 | 触发器条件元件号 | |
| [M] 8079 | 跟踪 512 次以上 | | [M] 8079 | 取样数据指针 | |
| [D] 8090 | 位元件号 No10 | | D8080 | 位元件号 No0 | |
| [D] 8091 | 位元件号 No11 | | D8081 | 位元件号 No1 | |
| [D] 8092 | 位元件号 No12 | | D8082 | 位元件号 No2 | |
| [D] 8093 | 位元件号 No13 | | D8083 | 位元件号 No3 | |
| [D] 8094 | 位元件号 No14 | | D8084 | 位元件号 No4 | |
| [D] 8095 | 位元件号 No15 | | D8085 | 位元件号 No5 | |
| [D] 8096 | 位元件号 No0 | | D8086 | 位元件号 No6 | |
| [D] 8097 | 位元件号 No1 | | D8087 | 位元件号 No7 | |
| [D] 8098 | 位元件号 No2 | | D8088 | 位元件号 No8 | |
| | | | D8089 | 位元件号 No9 | |

### 10. 存储容量

| 编号 | 名称 | 备注 |
|---|---|---|
| [M] 8102 | 存储容量 | 设置内容 0002＝2K 步，0004＝4K 步，0008＝8K 步，0016＝16K 步 |

### 11. 输出刷新

| 编号 | 名称 | 备注 | 编号 | 名称 | 备注 |
|---|---|---|---|---|---|
| [M] 8109 | 输出刷新错误生成 | 状态间禁止转移 | [D] 8109 | 输出刷新错误地址号保存 | 0、10、20…被存储 |

### 12. 高速环形计数器

| 编号 | 名称 | 备注 | 编号 | 名称 | 备注 |
|---|---|---|---|---|---|
| [M] 8099 | 高速环形计数器工作 | 允许计数器工作 | D8099 | 0.1 ms 环形计数器 | 0～32 767 增序 |

### 13. 特殊功能

| 编号 | 名称 | 备注 | 编号 | 名称 | 备注 |
|---|---|---|---|---|---|
| [M] 8120 | | | D8120 | 通信格式③ | |
| [M] 8121 | RS232C 发送待机中② | | D8121 | 站号设定③ | |
| [M] 8122 | RS232C 发送标志② | RS232c 通信用 | [D] 8122 | 发送数据余数② | |
| [M] 8123 | RS232C 发送完标志② | | [D] 8123 | 接受数据数② | |
| [M] 8124 | RS232C 载波接受 | | D8124 | 起始符(STX) | |
| [M] 8125 | | | D8125 | 终止符(ETX | |
| [M] 8126 | 全信号 | | [D] 8126 | | |
| [M] 8127 | 请求握手信号 | RS485 通信用 | D8127 | 指定请求用起始地址 | |
| M8128 | 请求出错标志 | | D8128 | 请求数据数的约定 | |
| M8129 | 请求字/位切换 | | D8129 | 超时判断时间 | |

### 14. 高速列表

| 编号 | 名称 | 备注 | 编号 | 名称 | | 备注 |
|---|---|---|---|---|---|---|
| M8130 | HSZ 表比较方式 | | [D] 8130 | HSZ 列表计数器 | | |
| [M] 8131 | 同上执行完标记 | | [D] 8131 | HSZ PLSY 列表计数器 | | |
| M8132 | HSZ PLSY 速度图形 | | [D] 8132 | 速度图形频率 HSZ, | 下位 | |
| [M] 8133 | 同上执行完标记 | | [D] 8133 | PLSY | 空 | |

### 15. 扩展功能

| 编号 | 名称 | 备注 | 编号 | 名称 | 备注 |
|---|---|---|---|---|---|
| M8160<br>M8161 | XCH 的 SWAP 功能<br>8 位单位切换 | 同一元件内交换<br>16/8 位切换⑨ | M8170<br>M8171 | 输入 X000 脉冲捕捉<br>输入 X001 脉冲捕捉 | |
| [M] 8064 | 参数出错 | 可编程序控制器停止 | [D] 8064 | 参数出错代码 | |
| M8162<br>[M] 8163<br>[M] 8164 | 高速并串<br>连接方式 | | M8172<br>M8173<br>M8174 | 输入 X002 脉冲捕捉<br>输入 X003 脉冲捕捉<br>输入 X004 脉冲捕捉 | |
| [M] 8165<br>[M] 8166 | HKY 的<br>HEX 处理 | 写入十六进制数据<br>停止 BCD 切换 | M8175<br>[M] 8176 | 输入 X005 脉冲捕捉 | |
| M8167<br>M8168<br>[M] 8169 | SMOV 的<br>HEX 处理 | | [M] 8177<br>[M] 8178<br>[M] 8179 | | |

### 16. 寻址寄存器当前值

| 编号 | 名称 | 备注 | 编号 | 名称 | 备注 |
|---|---|---|---|---|---|
| [D] 8180 | | | D8190 | Z5 寄存器的数据 | |
| [D] 8180 | | | D8191 | V5 寄存器的数据 | |
| [D] 8182 | Z1 寄存器的数据 | | [D] 8192 | Z6 寄存器的数据 | |
| [D] 8183 | V1 寄存器的数据 | | [D] 8193 | V6 寄存器的数据 | |
| [D] 8184 | Z2 寄存器的数据 | | [D] 8194 | Z7 寄存器的数据 | |
| [D] 8185 | V2 寄存器的数据 | | [D] 8195 | V7 寄存器的数据 | |
| [D] 8186 | Z3 寄存器的数据 | | [D] 8196 | | |
| [D] 8187 | V3 寄存器的数据 | | [D] 8197 | | |
| [D] 8188 | Z4 寄存器的数据 | | [D] 8198 | | |
| [D] 8189 | V4 寄存器的数据 | | [D] 8199 | | |

### 17. 内部增降序计数器

| 编号 | 名称 | 备注 |
|---|---|---|
| [M] 8200 | | |
| [M] 8201 | | |
| [M] 8202 | | |
| …… | 驱动 M8 时 C 降序计数<br>M8 在不驱动时 C 增序计数 | 详细请见编程手册 |
| …… | | |
| …… | | |
| …… | | |
| …… | | |
| [M] 8233 | | |
| [M] 8234 | | |

### 18. 高速计数器

| 编号 | 名 称 | 备 注 | 编号 | 名称 | 备注 |
|---|---|---|---|---|---|
| M8235 | | | [M] 8246 | 根据 1 相 2 输入计数 | |
| M8236 | | | [M] 8247 | 器的增、降序，M8 | |
| M8237 | | | [M] 8248 | | |
| M8238 | | | [M] 8249 | | |
| M8239 | M8 被驱动时，1 相高速计数器 C 为降序方式，不驱动时为增序方式（为 235～235） | | [M] 8250 | | |
| M8240 | | | [M] 8251 | | |
| M8241 | | | [M] 8252 | | |
| M8242 | | | [M] 8253 | | |
| M8243 | | | [M] 8254 | | |
| M8244 | | | [M] 8255 | | |

① RUN→STOP 时清除。

② STOP→RUN 时清除。

③ 电池后备。

④ END 指令结束时处理。

⑤ 其内容为 24100；24 表示 $FX_{2N}$，100 表示版本 1.00。

⑥ 若内容为 0002，则为 2K 步；0004 为 4K 步；0008 为 8K 步；$FX_{2N}$ 的 D8002 可达 0016＝16K。

⑦ 00H＝FX－RAM8；01H＝FX－EPROM－8；02H＝FX－EPROM－4，8，16（保护为 OFF）；0AH＝FX－EPROM－4，8，16（保护为 ON）；D8102 加在以上项目；0016＝16K 步。

⑧ M8062 除外。

⑨ 适用于 ASC、RS、HEX、CCD。

### 19. 特殊数据寄存器 D8060～D8067，存储的错误代码和内容

| 类型 | 出错代码 | 出 错 内 容 | 处 理 方 法 |
|---|---|---|---|
| I/O 结构出错，M8060（D8060）继续运行 | 1020 | 没有装 I/O 起始元件号"1020"时，最高位 1＝输入 X，0＝输出 Y，后三位 020＝元件号 | 还没有装的输入继电器、输出继电器的编号被输入程序，PLC 可以继续运行，若是程序出错，请进行修改 |
| PLC 硬件出错，M8061（D8061）停止运行 | 0000 | 无异常 | 运算时间超过 D8000 的值，检查 |
| | 6101 | RAM 出错 | |
| | 6102 | 运算电路出错 | |
| | 6103 | I/O 总线出错（M8069 驱动时） | |
| | 6104 | 扩展设备 24V 失电（M8069）ON 时 | |
| | 6105 | 监视定时器出错 | |

| 类　型 | 出错代码 | 出　错　内　容 | 处　理　方　法 |
|---|---|---|---|
| PLC/PP 通信出错，M8062（D8062）继续运行 | 0000 | 无异常 | 程序编程器（PP）或编程器连接的设备与PLC（PLC）间的连接是否正确 |
| | 6201 | 奇偶出错　溢出出错　成帧出错 | |
| | 6202 | 通信字符有误 | |
| | 6203 | 通信数据的求和不一致 | |
| | 6204 | 数据格式有误 | |
| | 6205 | 指令有误 | |
| | 6605 | ① STL 的连续使用次数在 9 次以上；<br>② 在 STL 内有 MC，MCR，I(中断)，SRET；<br>③ 在 STL 外有 RET，没有 RET | |
| | 6606 | ① 没有 P(指针)，I(中断)；<br>② 没有 SRET，IRET；<br>③ (中断)，SRET，IRET 在主程序中；<br>④ STC，RET，MC，MCR 在子程序和中断子程序中 | |
| | 6607 | ① FOR 和 NEXT 关系有错误，嵌套在 6 次以上；<br>② 在 FOR－NEXT 之间有 STL，RET，MC，MCR，IRET，SRET，FEND，END | |
| | 6608 | ① MC 和 MCR 的关系有错误；<br>② MCR 没有 N0；<br>③ MC－MCR 之间有 SRET、IRET、I(中断) | |
| | 6609 | 其他 | |
| | 6610 | LD，LDI 的连续使用次数在 9 次以上 | |
| | 6611 | 对 LD，LDI 指令而言，ANB，ORB 指令数太多 | |
| | 6612 | 对 LD，LDI 指令而言，ANB，ORB 指令数太少 | |
| | 6613 | MPS 连续使用次数在 12 次以上 | |
| | 6614 | MPS 忘记 | |
| | 6615 | MPP 忘记 | |
| | 6616 | MPS－MRD，MPP 间的线圈忘记，或关系有错误 | |
| | 6617 | 必须从总线开始的指令却没有与总线连接，有 STL，RET，MCR，P，I，DI，EI，FOR，NEXT，SRET，IRET，FEND，END | |
| | 6618 | 只能在主程序中使用的指令却在主程序之外(中断、子程序等) | |
| | 6619 | FOR－NEXT 之间使用了不能用的指令：STL，RET，MC，MCR，I，IRET | |
| | 6620 | FOR－NEXT 间嵌套溢出 | |
| | 6621 | FOR－NEXT 数的关系有错误 | |
| | 6622 | 没有 NEXT 指令 | |

续表二

| 类　型 | 出错代码 | 出　错　内　容 | 处　理　方　法 |
|---|---|---|---|
| | 6623 | 没有 MC 指令 | |
| | 6624 | 没有 MCR 指令 | |
| | 6625 | STL 的连续使用次数在 9 次以上 | |
| | 6626 | 在 STL－RET 之间有不能用的指令；MC，MCR，I，SRET，IRET | |
| | 6627 | 没有 RET 指令 | |
| | 6628 | 在主程序中有不能用的指令；I，SRET，IRET | |
| | 6629 | 无 P，I | |
| | 6630 | 没有 SRET，IRET 指令 | |
| | 6631 | SRET 位于不能用的场所 | |
| | 6632 | FEND 位于不能用的场所 | |
| 运算错误，M8067（D8067）继续运行 | 0000 | 没有异常 | 运算过程中产生错误，以及程序的修改或应用指令的操作数的内容有错误。即使语法、电路没有出错，也可能产生运算错误。例如 T200Z 虽没有错，但运算结果 Z＝100 时，T＝300，这样，元件编号则溢出 |
| | 6701 | ① CJ，CALL 没有跳转地址；② 在 END 指令后面有卷标；③ 在 FOR－NEXT 间或子程序之间有单独的卷标 | |
| | 6702 | CALL 的嵌套级在 6 层以上 | |
| | 6703 | 中断的嵌套级在 6 层以上 | |
| | 6704 | FOR－NEXT 的嵌套级在 6 层以上 | |
| | 6705 | 应用指令的操作数在目标元件之外 | |
| | 6706 | 应用指令的操作数在元件号范围和数据值溢出 | |
| | 6707 | 因没有设定文件寄存器的参数而存取了文件寄存器 | |
| | 6708 | FROM/TO 指令出错 | PID 运算停止 ｜ 产生控制参数的设定值和 PID 运算中产生数据错误，请检查参数 |
| | 6709 | 其他（IRET，SRET 忘记，FOR－NEXT 关系有错误等） | |
| | 6730 | 取样时间（TS）在目标范围外（TS＝0） | |
| | 6732 | 输入滤波器常数（a）在目标范围外（a＜0 或 100≤a） | |
| | 6733 | 比例阈（KP）在目标范围外（KP＜0） | |
| | 6734 | 积分时间（TI）在目标范围外（TI＜0） | |
| | 6735 | 微分阈（KD）在目标范围外（KD＜0 或 201≤KD） | |
| | 6736 | 微分时间在目标范围外（TD＜0） | |

| 类　型 | 出错代码 | 出　错　内　容 | 处　理　方　法 |
|---|---|---|---|
| | 6740 | 取样时间(TS)≤运算周期 | 将运算数据作 MAX 值,继续运算 |
| | 6742 | 测定值变量溢出($\triangle$PV<32 768 或 32 67<$\triangle$PV) | |
| | 6743 | 偏差溢出(EV<－32 768 或 32 767<EV) | |
| | 6744 | 积分计算值溢出(－32 768~32 767 以外) | |
| | 6745 | 因微分阈(KP)溢出,产生微分值溢出 | |
| | 6746 | 微分计算值溢出(－32 768~32 767 以外) | |
| | 6747 | PID 运算结果溢出(－32 768~32 767 以外) | |

**20. FX₂N 的错误按下述定时检查,把前项的出错代码存入特殊数据寄存器 D8060~D8067**

| 出错项目 | 电源 ON→OFF | 电源 ON 后初次 STOP→RUN 时 | 其他 |
|---|---|---|---|
| M8060 I/O 地址号构成出错 | 检查 | 检查 | 运算中 |
| M8061 PLC 硬件出错 | － | － | 运算中 |
| M8062 PLC/PP 通信出错 | － | － | 从 PP 接受信号时 |
| M8063 连续模块通信出错 | － | － | 从对方接受信号时 |
| M8064 参数出错<br>M8065 语法出错<br>M8066 电路出错 | 检查 | 检查 | 程序变更时(STOP)<br>程序传送时(STOP) |
| M8067 运算出错<br>M8068 运算出错锁存 | － | － | 运算中(RUN) |

注:D8060~D8067 各存一个出错内容,同一出错项目产生多次出错时,每当清除出错原因时,仍存储发生中的出错代码,无出错时存入"0"。

试图通过程序用" "括起来的[M]、[D]软元件,未使用的软元件或没有记载的未定义的软元件,请不要在程序上运行或写入。

# 附录 C　FX$_{2N}$系列 PLC 基本指令一览表

| 助记符 | 名称 | 可用元 | 功能和用途 |
|---|---|---|---|
| LD | 取 | X、Y、M、S、T、C | 逻辑运算开始。用于与母线连接的常开触点 |
| LDI | 取反 | X、Y、M、S、T、C | 逻辑运算开始。用于与母线连接的常闭触点 |
| LDP | 取上升沿 | X、Y、M、S、T、C | 上升沿检测的指令，仅在指定元件的上升沿时接通 1 个扫描周期 |
| LDF | 取下降沿 | X、Y、M、S、T、C | 下降沿检测的指令，仅在指定元件的下降沿时接通 1 个扫描周期 |
| AND | 与 | X、Y、M、S、T、C | 和前面的元件或回路块实现逻辑与，用于常开触点串联 |
| ANI | 与反 | X、Y、M、S、T、C | 和前面的元件或回路块实现逻辑与，用于常闭触点串联 |
| ANDP | 与上升沿 | X、Y、M、S、T、C | 上升沿检测的指令，仅在指定元件的上升沿时接通 1 个扫描周期 |
| OUT | 输出 | Y、M、S、T、C | 驱动线圈的输出指令 |
| SET | 置位 | Y、M、S | 线圈接通保持指令 |
| RST | 复位 | Y、M、S、T、C、D | 清除动作保持；当前值与寄存器清零 |
| PLS | 上升沿微分指令 | Y、M | 在输入信号上升沿时产生 1 个扫描周期的脉冲信号 |
| PLF | 下降沿微分指令 | Y、M | 在输入信号下降沿时产生 1 个扫描周期的脉冲信号 |
| MC | 主控 | Y、M | 主控程序的起点 |
| MCR | 主控复位 | — | 主控程序的终点 |
| ANDF | 与下降沿 | Y、M、S、T、C、D | 下降沿检测的指令，仅在指定元件的下降沿时接通 1 个扫描周期 |
| OR | 或 | Y、M、S、T、C、D | 和前面的元件或回路块实现逻辑或，用于常开触点并联 |
| ORI | 或反 | Y、M、S、T、C、D | 和前面的元件或回路块实现逻辑或，用于常闭触点并联 |
| ORP | 或上升沿 | Y、M、S、T、C、D | 上升沿检测的指令，仅在指定元件的上升沿时接通 1 个扫描周期 |

| 助记符 | 名称 | 可用元 | 功能和用途 |
|---|---|---|---|
| ORF | 或下降沿 | Y、M、S、T、C、D | 下降沿检测的指令，仅在指定元件的下降沿时接通 1 个扫描周期 |
| ANB | 回路块与 | — | 并联回路块的串联连接指令 |
| ORB | 回路块或 | — | 串联回路块的并联连接指令 |
| MPS | 进栈 | — | 将运算结果（或数据）压入栈存储器 |
| MRD | 读栈 | — | 将栈存储器第 1 层的内容读出 |
| MPP | 出栈 | — | 将栈存储器第 1 层的内容弹出 |
| INV | 取反转 | — | 将执行该指令之前的运算结果进行取反转操作 |
| NOP | 空操作 | — | 程序中仅做空操作运行 |
| END | 结束 | — | 表示程序结束 |

# 附录 D FX$_{2N}$系列 PLC 功能指令一览表

| 分类 | PNCNO. | 指令助记符 | 功能说明 | 对应不同型号的 PLC | | | | |
|---|---|---|---|---|---|---|---|---|
| | | | | FX$_{0S}$ | FX$_{0N}$ | FX$_{1S}$ | FX$_{1N}$ | FX$_{2N}$ FX$_{2NC}$ |
| 程序流程 | 00 | CJ | 条件跳转 | √ | √ | √ | √ | √ |
| | 01 | CALL | 子程序调用 | × | × | √ | √ | √ |
| | 02 | SRET | 子程序返回 | × | × | √ | √ | √ |
| | 03 | IRET | 中断返回 | √ | √ | √ | √ | √ |
| | 04 | EI | 开中断 | √ | √ | √ | √ | √ |
| | 05 | DI | 关中断 | √ | √ | √ | √ | √ |
| | 06 | FEND | 主程序结束 | √ | √ | √ | √ | √ |
| | 07 | WDT | 监视定时器刷新 | √ | √ | √ | √ | √ |
| | 08 | FOR | 循环的起点与次数 | √ | √ | √ | √ | √ |
| | 09 | NEXT | 循环的终点 | √ | √ | √ | √ | √ |
| 传送与比较 | 10 | CMP | 比较 | √ | √ | √ | √ | √ |
| | 11 | ZCP | 区间比较 | √ | √ | √ | √ | √ |
| | 12 | MOV | 传送 | √ | √ | √ | √ | √ |
| | 13 | SMOV | 位传送 | × | × | × | × | √ |
| | 14 | CML | 取反传送 | × | × | × | × | √ |
| | 15 | BMOV | 成批传送 | × | √ | √ | √ | √ |
| | 16 | FMOV | 多点传送 | × | × | × | × | √ |
| | 17 | XCH | 交换 | × | × | × | × | √ |
| | 18 | BCD | 二进制转换成 BCD 码 | √ | √ | √ | √ | √ |
| | 19 | BIN | BCD 码转换成二进制 | √ | √ | √ | √ | √ |
| 算术与逻辑运 | 20 | ADD | 二进制加法运算 | √ | √ | √ | √ | √ |
| | 21 | SUB | 二进制减法运算 | √ | √ | √ | √ | √ |
| | 22 | MUL | 二进制乘法运算 | √ | √ | √ | √ | √ |
| | 23 | DIV | 二进制除法运算 | √ | √ | √ | √ | √ |
| | 24 | INC | 二进制加 1 运算 | √ | √ | √ | √ | √ |
| | 25 | DEC | 二进制减 1 运算 | √ | √ | √ | √ | √ |
| | 26 | WAND | 字逻辑与 | √ | √ | √ | √ | √ |
| | 27 | WOR | 字逻辑或 | √ | √ | √ | √ | √ |
| | 28 | WXOR | 字逻辑异或 | √ | √ | √ | √ | √ |
| | 29 | NEG | 求二进制补码 | × | × | × | × | √ |

续表一

| 分类 | PNCNO. | 指令助记符 | 功能说明 | 对应不同型号的 PLC | | | | |
|---|---|---|---|---|---|---|---|---|
| | | | | FX$_{0S}$ | FX$_{0N}$ | FX$_{1S}$ | FX$_{1N}$ | FX$_{2N}$ FX$_{2NC}$ |
| 循环与移位 | 30 | ROR | 循环右移 | × | × | × | × | √ |
| | 31 | ROL | 循环左移 | × | × | × | × | √ |
| | 32 | RCR | 带进位右移 | × | × | × | × | √ |
| | 33 | RCL | 带进位左移 | × | × | × | × | √ |
| | 34 | SFTR | 位右移 | √ | √ | √ | √ | √ |
| | 35 | SFTL | 位左移 | √ | √ | √ | √ | √ |
| | 36 | WSFR | 字右移 | × | × | × | × | √ |
| | 37 | WSFL | 字左移 | × | × | × | × | √ |
| | 38 | SFWR | FIFO(先入先出)写入 | × | × | √ | √ | √ |
| | 39 | SFRD | FIFO(先入先出)读出 | × | × | √ | √ | √ |
| 数据处理 | 40 | ZRST | 区间复位 | √ | √ | √ | √ | √ |
| | 41 | DECO | 解码 | √ | √ | √ | √ | √ |
| | 42 | ENCO | 编码 | × | × | × | × | √ |
| | 43 | SUM | 统计 ON 位数 | × | × | × | × | √ |
| | 44 | BON | 查询位某状态 | × | × | × | × | √ |
| | 45 | MEAN | 求平均值 | × | × | × | × | √ |
| | 46 | ANS | 报警器置位 | × | × | × | × | √ |
| | 47 | ANR | 报警器复位 | × | × | × | × | √ |
| | 48 | SQR | 求平方根 | × | × | × | × | √ |
| | 49 | FLT | 整数与浮点数转换 | × | × | × | × | √ |
| 高速处理 | 50 | REF | 输入输出刷新 | √ | √ | √ | √ | √ |
| | 51 | REFF | 输入滤波时间调整 | × | × | × | × | √ |
| | 52 | MTR | 矩阵输入 | × | × | √ | √ | √ |
| | 53 | HSCS | 比较置位(高速计数用) | × | √ | √ | √ | √ |
| | 54 | HSCR | 比较复位(高速计数用) | × | √ | √ | √ | √ |
| | 55 | HSZ | 区间比较(高速计数用) | × | × | × | × | √ |
| | 56 | SPD | 脉冲密度 | × | × | √ | √ | √ |
| | 57 | PLSY | 指定频率脉冲输出 | √ | √ | √ | √ | √ |
| | 58 | PWM | 脉宽调制输出 | √ | √ | √ | √ | √ |
| | 59 | PLSR | 带加减速脉冲输出 | × | × | √ | √ | √ |
| 方便指令 | 60 | IST | 状态初始化 | √ | √ | √ | √ | √ |
| | 61 | SER | 数据查找 | × | × | × | × | √ |
| | 62 | ABSD | 凸轮控制(绝对式) | × | × | × | √ | √ |
| | 63 | INCD | 凸轮控制(增量式) | × | × | √ | √ | √ |
| | 64 | TTMR | 示教定时器 | × | × | × | × | √ |
| | 65 | STMR | 特殊定时器 | × | × | × | × | √ |
| | 66 | ALT | 交替输出 | √ | √ | √ | √ | √ |
| | 67 | RAMP | 斜波信号 | √ | √ | √ | √ | √ |
| | 68 | ROTC | 旋转工作台控制 | × | × | × | × | √ |
| | 69 | SORT | 列表数据排序 | × | × | × | × | √ |

续表二

| 分类 | PNCNO. | 指令助记符 | 功能说明 | 对应不同型号的 PLC | | | | |
| --- | --- | --- | --- | --- | --- | --- | --- | --- |
| | | | | FX$_{0S}$ | FX$_{0N}$ | FX$_{1S}$ | FX$_{1N}$ | FX$_{2N}$ FX$_{2NC}$ |
| 外部 I/O 设备 | 70 | TKY | 10 键输入 | × | × | × | × | √ |
| | 71 | HKY | 16 键输入 | × | × | × | × | √ |
| | 72 | DSW | BCD 数字开关输入 | × | × | √ | √ | √ |
| | 73 | SEGD | 七段码译码 | × | × | × | √ | √ |
| | 74 | SEGL | 七段码分时显示 | × | × | √ | √ | √ |
| | 75 | ARWS | 方向开关 | × | × | × | √ | √ |
| | 76 | ASC | ASCI 码转换 | × | × | × | × | √ |
| | 77 | PR | ASCI 码打印输出 | × | × | × | × | √ |
| | 78 | FROM | BFM 读出 | × | √ | × | × | √ |
| | 79 | TO | BFM 写入 | × | √ | × | × | √ |
| 外围设备 | 80 | RS | 串行数据传送 | × | √ | √ | √ | √ |
| | 81 | PRUN | 八进制位传送（♯） | × | × | √ | √ | √ |
| | 82 | ASCI | 16 进制数转换成 ASCI 码 | × | √ | √ | √ | √ |
| | 83 | HEX | ASCI 码转换成 16 进制数 | × | √ | √ | √ | √ |
| | 84 | CCD | 校验 | × | √ | √ | √ | √ |
| | 85 | VRRD | 电位器变量输入 | × | × | √ | √ | √ |
| | 86 | VRSC | 电位器变量区间 | × | × | √ | √ | √ |
| | 87 | — | — | | | | | |
| | 88 | PID | PID 运算 | × | × | √ | √ | √ |
| | 89 | — | — | | | | | |
| 浮点数运算 | 110 | ECMP | 二进制浮点数比较 | × | × | × | × | √ |
| | 111 | EZCP | 二进制浮点数区间比较 | × | × | × | × | √ |
| | 118 | EBCD | 二进制浮点数→十进制浮点数 | × | × | × | × | √ |
| | 119 | EBIN | 十进制浮点数→二进制浮点数 | × | × | × | × | √ |
| | 120 | EADD | 二进制浮点数加法 | × | × | × | × | √ |
| | 121 | EUSB | 二进制浮点数减法 | × | × | × | × | √ |
| | 122 | EMUL | 二进制浮点数乘法 | × | × | × | × | √ |
| | 123 | EDIV | 二进制浮点数除法 | × | × | × | × | √ |
| | 127 | ESQR | 二进制浮点数开平方 | × | × | × | × | √ |
| | 129 | INT | 二进制浮点数→二进制整数 | × | × | × | × | √ |
| | 130 | SIN | 二进制浮点数 Sin 运算 | × | × | × | × | √ |
| | 131 | COS | 二进制浮点数 Cos 运算 | × | × | × | × | √ |
| | 132 | TAN | 二进制浮点数 Tan 运算 | × | × | × | × | √ |
| | 147 | SWAP | 高低字节交换 | × | × | × | × | √ |

续表三

| 分类 | PNCNO. | 指令助记符 | 功能说明 | 对应不同型号的 PLC | | | | |
|------|--------|-----------|----------|---------|---------|---------|---------|---------------|
| | | | | FX$_{0S}$ | FX$_{0N}$ | FX$_{1S}$ | FX$_{1N}$ | FX$_{2N}$ FX$_{2NC}$ |
| 定位 | 155 | ABS | ABS 当前值读取 | × | × | √ | √ | × |
| | 156 | ZRN | 原点回归 | × | × | √ | √ | × |
| | 157 | PLSY | 可变速的脉冲输出 | × | × | √ | √ | × |
| | 158 | DRVI | 相对位置控制 | × | × | √ | √ | × |
| | 159 | DRVA | 绝对位置控制 | × | × | √ | √ | × |
| 时钟运算 | 160 | TCMP | 时钟数据比较 | × | × | √ | √ | √ |
| | 161 | TZCP | 时钟数据区间比较 | × | × | √ | √ | √ |
| | 162 | TADD | 时钟数据加法 | × | × | √ | √ | √ |
| | 163 | TSUB | 时钟数据减法 | × | × | √ | √ | √ |
| | 166 | TRD | 时钟数据读出 | × | × | √ | √ | √ |
| | 167 | TWR | 时钟数据写入 | × | × | √ | √ | √ |
| | 169 | HOUR | 计时仪（长时间检测） | × | × | √ | √ | √ |
| 外围设备 | 170 | GRY | 二进制数→格雷码 | × | × | × | × | √ |
| | 171 | GBIN | 格雷码→二进制数 | × | × | × | × | √ |
| | 176 | RD3A | 模拟量模块（FX$_{0N}$－3A）A/D 数据读出 | × | √ | × | √ | × |
| | 177 | WR3A | 模拟量模块（FX$_{0N}$－3A）D/A 数据写入 | × | √ | × | √ | × |
| 触点比较 | 224 | LD＝ | (S1)＝(S2)时起始触点接通 | × | × | √ | √ | √ |
| | 225 | LD＞ | (S1)＞(S2)时起始触点接通 | × | × | √ | √ | √ |
| | 226 | LD＜ | (S1)＜(S2)时起始触点接通 | × | × | √ | √ | √ |
| | 228 | LD＜＞ | (S1)＜＞(S2)时起始触点接通 | × | × | √ | √ | √ |
| | 229 | LD ≤ | (S1)≤(S2)时起始触点接通 | × | × | √ | √ | √ |
| | 230 | LD ≥ | (S1)≥(S2)时起始触点接通 | × | × | √ | √ | √ |
| | 232 | AND＝ | (S1)＝(S2)时串联触点接通 | × | × | √ | √ | √ |
| | 233 | AND＞ | (S1)＞(S2)时串联触点接通 | × | × | √ | √ | √ |
| | 234 | AND＜ | (S1)＜(S2)时串联触点接通 | × | × | √ | √ | √ |
| | 236 | AND＜＞ | (S1)＜＞(S2)时串联触点接通 | × | × | √ | √ | √ |
| | 237 | AND ≤ | (S1)≤(S2)时串联触点接通 | × | × | √ | √ | √ |
| | 238 | AND ≥ | (S1)≥(S2)时串联触点接通 | × | × | √ | √ | √ |
| | 240 | OR＝ | (S1)＝(S2)时并联触点接通 | × | × | √ | √ | √ |
| | 241 | OR＞ | (S1)＞(S2)时并联触点接通 | × | × | √ | √ | √ |
| | 242 | OR＜ | (S1)＜(S2)时并联触点接通 | × | × | √ | √ | √ |
| | 244 | OR＜＞ | (S1)＜＞(S2)时并联触点接通 | × | × | √ | √ | √ |
| | 245 | OR ≤ | (S1)≤(S2)时并联触点接通 | × | × | √ | √ | √ |
| | 246 | OR ≥ | (S1)≥(S2)时并联触点接通 | × | × | √ | √ | √ |

# 参考文献

[1] 孙振强. 可编程控制器的原理及应用[M]. 北京：清华大学出版社，2005.
[2] 廖常初. 可编程控制器应用技术[M]. 重庆：重庆大学出版社，2008.
[3] 史宜巧. PLC 技术及应用项目教程[M]. 北京：机械工业出版社，2009.
[4] 段刚. PLC 与变频器应用技术项目教程[M]. 北京：机械工业出版社，2010.
[5] 周建清. PLC 应用技术[M]. 北京：机械工业出版社，2007.
[6] 常国兰. 电梯自动控制技术[M]. 北京：机械工业出版社，2008.
[7] 曹翾. 电气控制技术与 PLC 应用[M]. 北京：高等教育出版社，2009.
[8] 宋书中. 交流调速系统[M]. 北京：机械工业出版社，2006.
[9] 吴启红. 变频器、可编程控制器及触摸屏综合应用技术实操指导书[M]. 北京：机械工业出版社，2008.
[10] 吴忠智. 变频器原理及其应用指南[M]. 北京：中国电力出版社，2007.
[11] 王廷才. 变频器原理及应用[M]. 北京：机械工业出版社，2007.
[12] 孙平. 可编程控制器原理及其应用[M]. 北京：高等教育出版社，2010.
[13] 周占怀. PLC 技术及应用项目化教程[M]. 青岛：中国海洋大学出版社，2010
[14] 朱江. 可编程控制技术. 哈尔滨：哈尔滨工业大学出版社，2013